住房和城乡建设领域"十四五"热点培训教材

JIANSHE GONGCHENG JIJIA JIUFEN
TIAOJIE ANLI

工程造价改革系列丛书

建设工程计价纠纷调解案例

——广东省数字造价管理成果（2024年）

● 广东省工程造价协会 | 主编

中国建筑工业出版社

图书在版编目（CIP）数据

建设工程计价纠纷调解案例：广东省数字造价管理成果.2024年/广东省工程造价协会主编.—北京：中国建筑工业出版社，2024.11.（2025.5重印）—（工程造价改革系列丛书）（住房和城乡建设领域"十四五"热点培训教材）.

ISBN 978-7-112-30615-2

Ⅰ.D922.297.5

中国国家版本馆 CIP 数据核字第 20240WT115 号

责任编辑：周娟华

责任校对：赵　力

工程造价改革系列丛书

住房和城乡建设领域"十四五"热点培训教材

建设工程计价纠纷调解案例——广东省数字造价管理成果（2024年）

广东省工程造价协会　主编

*

中国建筑工业出版社出版、发行（北京海淀三里河路 9 号）

各地新华书店、建筑书店经销

北京龙达新润科技有限公司制版

北京凌奇印刷有限责任公司印刷

*

开本：787 毫米×1092 毫米　1/16　印张：24　字数：405 千字

2025 年 1 月第一版　　2025 年 5 月第二次印刷

定价：**150.00** 元

ISBN 978-7-112-30615-2

（43958）

本书编委会

主　　编：卢立明　许锡雁

副 主 编：肖娟丽　李卫平　罗　燕

参 编 人（按姓氏笔画排序）：

万贻亮　王　超　王云祥　王嘉欣　方雪慧　龙爱国　田杰茹
史文丽　朱惠琴　任萍萍　刘友德　刘纯旭　刘恒勇　刘海霞
苏锡坚　杜　娟　李　燕　李秀丽　李爱辉　李海萍　李铮益
李颖翰　李慧萍　李燕燕　杨燕平　吴文天　吴述文　吴增衡
张　河　张　瑛　张　磊　张卫东　张素琴　陈晓星　陈秋梅
林玉茹　林坚雄　林秀春　林建成　周　卓　周敏儿　房荣亮
洪　瑶　徐小军　郭亚莹　黄　渊　章尤强　曾淑怡　简锦成
蔡　堉　薛　瑞

审 核 人（按姓氏笔画排序）：

王　军　王　巍　丘　文　朱俊乐　刘运平　苏惠宁　杨　玲
张艳平　陈金海　陈曼文　查世伟　顾伟传　高　峰　黄凯云
黎华权

参编单位（排名不分先后）：

广东省国际工程咨询有限公司
国众联建设工程管理顾问有限公司
众为工程咨询有限公司
广东华审工程咨询有限公司
广东飞腾工程咨询有限公司
深圳市航建工程造价咨询有限公司
广州同诚工程造价咨询有限公司
广东精信工程造价咨询有限公司
广东宏正工程咨询有限公司
广州市宏正工程造价咨询有限公司

广州宇丰工程咨询有限公司

广东威朗工程咨询有限公司

广东远盛工程咨询有限公司

永道工程咨询有限公司

京通建设管理有限公司

新誉时代工程咨询有限公司

广东信仕德建设项目管理有限公司

广东立真工程项目咨询有限公司

广州尚晋工程咨询有限公司

中建三局第一建设工程有限责任公司

广东粤能工程管理有限公司

前　　言

随着我国建筑业的蓬勃发展,建设工程项目的规模和复杂性不断增加,相应的建设工程计价纠纷也呈现出多样化和复杂化的趋势。计价纠纷的产生,从根本上讲,是由于工程项目的复杂性、参与方的多样性以及市场环境的不断变化,导致项目各方在设计、施工、采购、验收等各个环节产生计价分歧。这些计价纠纷的存在不仅影响了项目的成本控制和进度安排,还可能引发法律诉讼,增加各方的经济负担和时间成本,阻碍整个建筑行业的健康发展。因此,从源头预防和化解计价纠纷,在合同履约过程中发生纠纷后做到"早发现、早介入、早化解、防升级",不仅能够为发承包双方顺利履行合同创造条件,还能减少衍生诉讼案件的发生,降低解决纠纷成本。这就要求我们要提升解决纠纷的能力,学习在源头预防和化解纠纷的相关技术,从而提高解决纠纷的效率,避免因纠纷导致的履约成本增加。

为了进一步增强行业在解决纠纷方面的专业能力,我们将 2023、2024 年度通过"广东省建设工程造价纠纷处理系统"处理的部分计价纠纷案例汇编成书,希望通过分享众多案例,以案释法、以案促解、以案防治,引导从业人员秉承专业服务精神,遵循"客观公正、平等自愿、诚实守信、法定优先、有约从约"原则,共同维护市场秩序,发挥工程造价对建筑行业高质量发展的保障作用。

最后,我们衷心感谢所有参与本书审阅和出版的专家、学者和工作人员,我们也期待读者的宝贵意见和建议,以便我们不断改进和完善,为行业的高质量发展作出积极贡献。

目 录

第一部分

争议案例

关于材料调差范围的争议案例

某度假广场工程资金来源为企业自筹，发包人通过邀请招标方式，确定由某建筑公司负责承建。2019 年 4 月 1 日签订的施工合同显示，合同价格形式为单价合同，采用工程量清单计价方式，目前处于竣工结算阶段。

一、争议事项

合同专用条款第 2.8.1 条约定，合同清单中材料价格除钢筋、钢材、混凝土外，其他材料均不予调差，并约定钢筋材料、商品混凝土材料价差调整额＝（相应的主体结构施工期的月平均信息价－清单主材基价对应的信息价）×工程量，钢筋、混凝土的价差调整区间及起止时间：①地下室底板（不含垫层）起浇之日至地下室顶板结构封顶；②地下室顶板结构封顶至主体结构封顶；③独立的单体楼栋以不含垫层的单体基础混凝土起浇之日至主体结构封顶。现发承包双方就主体结构外的装饰施工所采用的细石混凝土材料是否参与调差产生争议。

二、双方观点

发包人认为，细石混凝土的施工期为装饰阶段，不在合同约定的"价差调整区间及起止时间"段内施工，不应参与调差。

承包人认为，细石混凝土属于合同条款中约定可调差的材料范畴，应参与调差。

三、我站观点

双方对可调差材料范围约定为钢筋、钢材、混凝土，"钢筋材料、商品混凝土材料价差调整额＝（相应的主体结构施工期的月平均信息价－清单主材基价对应的信息价）×工程量"为双方对调差公式的意思表述，其中"相应的主体结构施工期的月平均信息价"是确定结算单价的方法，但"工程量"并无进一步描述为对应"相应的主体结构施工期"的工程量。故综合分析招标投标文件、施工合同等资料，合同约定的价差调整区间及起止时间是对信息价价格取值区间的约定与界定，不是对参与价差调整的工程量的界定，因此涉及争议的细石混凝土应参与调差。

关于开荒清洁区域建筑面积计算的争议案例

某开荒清洁劳务项目发包人采用直接发包方式，确定由某建筑劳务公司负责。2023 年签订的劳务分包合同显示，合同价格形式为单价合同，目前处于合同履行阶段。

一、争议事项

合同约定，开荒清洁工程量按实际开荒清洁区域建筑面积计算，发承包双方对于外廊建筑面积计算产生争议。

二、双方观点

发包人认为，根据《建筑工程建筑面积计算规范》GB/T 50353—2013（以下简称"建筑面积计算规范"），本工程"外廊"两边临空，应按建筑面积计算规范的第 3.0.14 条"有围护设施的室外走廊（挑廊），应按其结构底板水平投影面积计算 1/2 面积；有围护设施（或柱）的檐廊，应按其围护设施（或柱）外围水平面积计算 1/2 面积"规定，计算 1/2 面积。

承包人认为，本工程"外廊"位于结构内，应按第 3.0.21 条"在主体结构内的阳台，应按其结构外围水平面积计算全面积……"的规定，计算全面积。

三、我站观点

根据本工程的标准层平面图，施工图中的外廊是属于设置在建筑物中的水平交通空间，设有围护设施、无围护结构，依据建筑面积计算规范第 3.0.14 条规定，应按其结构底板水平投影面积计算 1/2 面积。

关于工期顺延引起的费用补偿争议案例

某高层住宅建设项目资金来源为企业自筹，发包人采用公开竞标方式，确定由某建筑公司负责承建。2019 年 8 月签订的施工合同显示，合同价格形式为单价合同，采用工程量清单计价方式，目前处于施工阶段。

一、争议事项

资料显示，工程招标时合同工期为 666 天，实际工期：基础工程 757 天，结构及装饰工程 692 天。发承包双方就工期延长达成一致意见，但对发生的大型机械租赁期延长、脚手架使用延期、承包人租赁的临时设施搭建场地延期等三项增加费用是否予以补偿产生争议。

二、双方观点

发包人认为，承包人在投标时对拟定的工期无异议并编制了在拟定工期内完工的施工组织方案，实际工期虽然超出合同约定的工期，但依据合同约定"合同双方当事人在签订合同前已确认合同工期为合理及可实施的，而实现合同工期所需之任何赶工措施、费用和利润均视作已考虑在合同价款中"，因此不应再予补偿工期延长所发生的费用。

承包人认为，招标时未提供施工图，采用模拟清单招标，中标后发包人提供的施工图中人防面积比例及结构造型超常规，且空间小、深度大，结构复杂，结构楼梯多，裙楼存在特殊结构节点、双层飘板穿插造型等情况，造成实际施工工期增加，既然发承包双方已对工期顺延进行了核准确认，并符合合同第 7.5.1 条"合同履行期间，因下列原因造成关键线路工程延误的，承包人有权要求发包人增加由此发生的费用和（或）顺延工期"的约定，因此应予补偿工期延长所发生的费用。

三、我站观点

工程实施期间，发生因招标文件表述项目需求或设计要求与实际施工图纸不一致的情形，发承包双方已对工期顺延达成一致的，因工期顺延造成费用增加，双方应根据合同专用条款第 7.5 条的约定，厘清工期顺延的原因，若属于非承包人原因引起的工期顺延，工期顺延期间产生的大型机械租赁期延长、脚手架使用延期和承包人租赁的临时设施搭建场地延期等增加费用应予补偿计算。

关于餐桌计价的争议案例

某商务中心办公配套设施装修工程资金来源为企业自筹，发包人采用公开招标方式，确定由某公司负责承建。2019 年 1 月签订的工程设计施工总承包合同显示，工程建安工程费采用定额计价方式，目前处于合同履行阶段。

一、争议事项

本工程存在固定餐桌（非软装部分）、明档（下明档及上明档）构件，发承包双方对该餐桌和构件如何计价存在争议。

二、双方观点

发包人认为，应按定额计价。

承包人认为，上述构件属于家具，家具类装修属于整装成品，应通过市场询价按成品确定。

三、我站观点

本项目合同约定建安工程费采用《广东省房屋建筑与装饰工程综合定额2018》（以下简称"房建定额"）进行计价，但房建定额关于家具类装修项目均按成品进行编制。因此，发承包双方应根据实际施工情况，若为采购成品进行安装，则按房建定额进行计价，若为现场制作安装，则根据实际施工情况，依据施工合理成本和利润确定价格。

关于垂直运输费计价的争议案例

某商务中心办公配套设施装修工程资金来源为企业自筹，发包人采用公开招标方式，确定由某公司负责承建。2019年1月签订的工程设计施工总承包合同显示，工程建安工程费采用定额计价方式，目前处于合同履行阶段。

一、争议事项

本工程存在发包人提供现有客货梯供承包人施工使用的情形，发承包双方对该项目中的装修材料、拆除废料的垂直运输费计算发生争议。

二、双方观点

发包人认为，按合同约定，材料价格均视为到工地价格，本工程为5层装修工程，材料价已包含到达5层施工现场的运输费，故不需计算垂直运输费。

承包人认为，应按照定额规定计算垂直运输费，发包人提供垂直运输机械的，可扣除定额子目中相应的机械费用。

三、我站观点

本工程合同约定建安工程费采用《广东省房屋建筑与装饰工程综合定额2018》进行计价，根据定额说明"如果使用发包人提供的垂直运输机械运输的，扣除定额子目中相应的机械费用"。故本工程应计算垂直运输费，如果使用发包人提供的电梯进行垂直运输，则可按定额说明扣除定额子目中相应的机械费用。

关于临水临电接驳点费用的争议案例

某文体中心项目，资金来源为企业自筹，发包人采用公开招标方式，确定由某建设公司与某设计研究院联合承建。2020 年 12 月签订的勘察设计施工总承包合同显示，工程采用工程量清单计价形式，价格由定额组价下浮计算，目前处于竣工结算阶段。

一、争议事项

本工程开工初期，建设单位未提供施工现场临时用水、用电接驳点。为加快项目施工进度，建设单位委托工程总承包单位代为实施临时用电、用水接驳，新建 630kVA 临时变压器及配套设施和临时给排水管道系统。发承包双方对由此产生的费用由谁承担发生争议。

二、双方观点

发包人认为，该项目为 EPC 项目，承包范围包括了临水、临电工作内容。发包人不再单独支付此项工程费用。

承包人认为，临时用水、用电的接驳点属于工程建设其他费中的"三通一平"，不属于建安工程费。本应在施工单位进场前由发包人完成临时用水、用电接驳点工作，其费用应由发包人承担。

三、我站观点

本工程为投资估算阶段后招标的 EPC 工程，据招标前的可研报告及合同实施期间经批复的设计概算，红线范围外的临水、临电的接驳属于"三通一平"范围，费用含在工程建设其他费中的"场地准备费及建设单位临时设施费"中，不属于建安工程费，且合同专用条款第 2.8.12 条规定"发包人负责提供临水、临电接驳点"，如发包人未提供临水、临电接驳点并要求承包人代为施工的，由此产生的费用由发包人承担。

关于多支盘高压旋喷桩工程量的争议案例

某区综合开发项目，资金来源为企业自筹，发包人采用公开招标方式，确定由某建设公司融资承建。2012 年 8 月签订的投资建设合同显示，工程采用定额计价方式，执行《广东省建设工程计价依据 2010》（以下简称"2010 计价依据"），目前处于竣工结算阶段。

一、争议事项

施工图纸要求，每根 φ500 多支盘高压旋喷桩每间隔 4m 设置一道扩大头，单个扩大头高度为 1m、直径为 800mm，发承包双方对扩大头的工程量如何计算产生争议。

二、双方观点

发包人认为，多支盘高压旋喷桩套用 D1-1-209（高压旋喷桩单管法）子目，根据定额工程量计算规则"高压旋喷桩按设计长度以 m 计算"，高压旋喷桩的计价与桩径无关，不另计算扩大头部分工程量。

承包人认为，扩大头增加的工程量（1.56m/每个扩大头），应按实计算并入原桩体工程量中。

三、我站观点

来函资料"LXK 工法支护设计说明"显示，本工程多支盘高压旋喷桩实为加筋水泥土桩锚技术，施工采用自进式锚桩工艺，即钻进、成孔、高压喷注浆，每间隔 4m 设置的扩大头相较于直线段桩体增加了施工难度，"2010 计价依据"无适应的定额子目。现发承包双方约定套用 D1-1-209 高压旋喷桩单管法子目，扩大头部分工程量建议按体积折算成同直径长度计入桩工程量中，但扩大头施工难度所增加的费用不再另计。

关于多支盘旋喷桩斜打计价的争议案例

某区综合开发项目，资金来源为企业自筹，发包人采用公开招标的方式，确定由某建设股份有限公司融资承建。2012年8月签订的投资建设合同显示，工程采用定额计价方式，执行《广东省建设工程计价依据2010》，目前处于竣工结算阶段。

一、争议事项

施工图纸显示，多支盘旋喷桩水平角度均为10°和30°，斜率在1：6以内，由于斜打桩相较于直打桩增加了难度。发承包双方对斜打的多支盘高压旋喷桩是否可以执行《广东省市政工程综合定额2018》第一册"通用项目"D.1.3桩工程 章说明第二十二条产生争议。

二、双方观点

发包人认为，多支盘高压旋喷桩套用D1-1-209（高压旋喷桩单管法）子目，该章说明并未说明斜打高压旋喷桩需乘以系数，参照采用该调整系数不合理。

承包人认为，斜打高压旋喷桩的人工费、机械费均会产生降效，应执行定额说明乘调整系数。

三、我站观点

斜向旋喷锚桩参照高压旋喷桩单管法子目计价，而高压旋喷桩的定额子目均按直桩考虑。施工要求斜打而产生的人工、机械降效可执行《广东省市政工程综合定额2010》第一册"通用项目"D.1.3桩工程 章说明1.3.1.1条款，调整人工费、机械费。

关于钢板桩开孔计价的争议案例

某区综合开发项目，资金来源为企业自筹，发包人采用公开招标方式，确定由某建设公司融资承建。2012年8月签订的投资建设合同显示，工程采用定额计价方式，执行《广东省建设工程计价依据2010》，目前处于竣工结算阶段。

一、争议事项

本项目排洪渠、上村和下村泵闸基坑均采用钢板桩＋多支盘高压旋喷桩进行支护，多支盘高压旋喷桩共设置上下两层，下层多支盘高压旋喷桩钻孔中心点距离钢板桩顶长度为2.5m，多支盘高压旋喷桩施工前需在钢板桩上人工开孔，开孔直径为220mm，水平间距2m，上下两层均须开孔，以便多支盘高压旋喷桩能穿过钢板桩打入土体。发承包双方对钢板桩人工开孔是否应单独计价，以及开孔区域至钢板桩顶标高的钢板桩报废的材料价是否可按一次摊销扣除废品价格计算发生争议。

二、双方观点

发包人认为，钢板桩套用《广东省市政工程综合定额2010》相应子目，人工开孔不另行计算，钢板桩实际消耗量与定额消耗量不一致时，按定额消耗量计算。

承包人认为，钢板桩人工开孔应单独计价，开孔以上部分钢板桩的材料价按一次摊销扣除废品价格计算。

三、我站观点

打拔钢板桩子目不含人工开孔的工作内容，本工程依据设计要求，多支盘高压旋喷桩施工时须将原有钢板桩进行人工开孔，人工开孔的费用可以单独计算；人工开孔后导致钢板桩报废的，其报废部分可以按一次性摊销并扣除残值费用计价。

关于不同基坑支护形式的土方开挖套用定额的争议案例

某区综合开发项目，资金来源为企业自筹，发包人采用公开招标方式，确定由某建设公司融资承建。2012 年 8 月签订的投资建设合同显示，工程采用定额计价方式，执行《广东省建设工程计价依据 2010》，目前处于竣工结算阶段。

一、争议事项

本项目排洪渠施工图有两种基坑支护形式，第一种基坑支护形式采用钢板桩＋两道水平内支撑支护，基坑中间增设一道竖向支撑（临时支墩＋钢管），基坑开挖深度为 6.6～6.7m；第二种基坑支护形式采用多支盘高压旋喷桩穿钢板桩斜打支护，支护间距为 27.2m，基坑开挖深度为 6.7～6.9m。发承包双方针对不同基坑支护形式的土方开挖如何套用定额发生争议。

二、双方观点

发包人认为，第一种基坑支护形式（钢板桩＋两道水平内支撑）的第一道支撑标高以下范围内的土方开挖可套用 D7-3-27（大型支撑基坑土方宽 15m 以外，深 7m 以内）子目，第一道支撑标高以上范围的土方开挖无支撑，套用 D1-1-33（挖土机挖土方自卸汽车运土方运距 1km 一、二类土）子目。第二种基坑支护形式（多支盘高压旋喷桩穿钢板桩斜打）无大型支撑，土方开挖套用 D1-1-33（挖土机挖土方自卸汽车运土方运距 1km 一、二类土）子目。

承包人认为，第一种基坑支护形式（钢板桩＋两道水平内支撑）的排洪渠段，其土方开挖应套用 D7-3-27 子目较为合适。第二种基坑支护形式（多支盘高压旋喷桩穿钢板桩斜打）的排洪渠段，由于现场地质条件差，没有做任何地基处理，地质为流塑性淤泥，虽未做水平支撑，但受现场场地限制，挖土均只能在基顶开挖，泥头车无法进入基坑底部作业，基坑开挖及后续作业难度大，应套用 D7-3-27（宽 15m 以外，深 7m 以内）子目较为合适。

三、我站观点

我站认为，采用钢板桩＋两道水平内支撑支护形式的排洪渠段，其土方开挖符合大型支撑基坑开挖，应套用 D7-3-27（大型支撑基坑土方宽 15m 以外，深 7m 以内）子目；采用多支盘高压旋喷桩穿钢板桩斜打支护排洪渠段，无水平支撑，依据定额对沟槽、基坑和一般土石方的划分，应套用一般土石方子目。

关于水泥搅拌桩超出设计桩顶标高部分的计价争议案例

某区综合开发项目，资金来源为企业自筹，发包人采用公开招标方式，确定由某建设公司融资承建。2012 年 8 月签订的投资建设合同显示，工程采用定额计价方式，执行《广东省建设工程计价依据 2010》，目前处于竣工结算阶段。

一、争议事项

施工图要求，水泥搅拌桩施工时，停浆（灰）面应高于设计标高 500mm，并将桩顶以上土层及桩顶施工质量较差的桩段，采用人工挖除。发承包双方对水泥搅拌桩超出设计桩顶标高 500mm 的部分是否可按实体计算产生争议。

二、双方观点

发包人认为，根据《广东省市政工程综合定额 2010》第一册工程量计算规则："深层搅拌水泥桩，以设计图示尺寸以 m 计算"，水泥搅拌桩超出设计图示尺寸以外的工程量按空桩计算。

承包人认为，水泥搅拌桩设计桩顶标高以上 500mm 是同水泥搅拌桩桩体一样进行喷浆搅拌施工，在广东省 2018 年土建定额第 67 页 3.1 条中已明确"水泥搅拌桩桩长按设计顶标高至桩底长度另加 500mm 计算"。

三、我站观点

本项目为市政工程，应按《广东省市政工程综合定额 2010》工程量计算规则进行计算，深层搅拌水泥桩以设计图示尺寸以 m 计算。

关于招投标文件与合同不一致时
计价的争议案例

　　某中学综合楼建设项目，资金来源为财政投资。发包人采用公开招标方式，确定由某建筑公司负责承建。2016年11月签订的施工总承包合同显示，工程采用工程量清单计价方式，合同价格形式为单价合同，目前处于竣工结算阶段。

一、争议事项

　　本工程招标控制价中的安全文明施工费总价为587617.83元，其中以费率计算的措施费总价为214972.79元，单价措施费为372645.04元。承包人按公布的招标控制价所对应的安全文明施工费进行了报价。合同签订时，合同所载明的安全文明施工费总金额为214972.79元，与中标价的安全文明施工费总价587617.83元不符。为此，发承包双方于2018年5月召开专题会议进行讨论，会议纪要明确，综合楼建设项目的施工合同第14页第80.1条修改为"安全文明施工费总金额587617.83元"。但竣工结算时，发承包双方对安全文明施工费结算金额仍然存在争议。

二、双方观点

　　发包人认为，应按照合同专用条款标注的214972.79元进行计算。

　　承包人认为，合同专用条款标注的价款为笔误，应按照投标报价中的安全文明施工费总金额587617.83元计算。

三、我站观点

　　经查阅，组成合同文件的优先解释顺序，补充协议包括工程洽商记录、会议纪要和合同价款调整报告等修正文件以及承包人投标文件均优先于专用条款，合同专用条款显示的安全文明施工费与招标文件不一致，且投标人按招标文件要求对安全文明施工费报价并无违反规定之处，同时发承包双方组织会议已明确专用条款中的金额 214972.79 元为笔误。另外，本项目为公开招标项目，依据招标投标法及相关规定，招标人和中标人应当按照招标文件和中标人的投标文件订立书面合同，招标人和中标人不得再行订立背离合同实质性内容的其他协议。当事人签订的建设工程施工合同与招标文件、投标文件、中标通知书载明的工程范围、建设工期、工程质量、工程价款不一致的，招标文件、投标文件、中标通知书可以作为结算工程价款的依据。综上所述，本工程安全文明施工费应按招标投标文件明确的金额 587617.83 元进行结算。

关于拆除工程计价的争议案例

某博物馆拆除工程，资金来源为财政投资。发包人采用直接发包方式，确定由某建筑公司负责实施。2018 年 8 月签订的施工合同显示，工程采用定额计价方式，执行《广东省建设工程计价依据 2010》，合同价格形式为单价合同，目前处于结算阶段。

一、争议事项

本工程合同约定结算方式为"按《建设工程工程量清单计价规范》GB 50500—2013、《广东省建设工程计价通则 2010》《广东省房屋建筑和市政修缮工程综合定额 2012》《广东省建筑与装饰工程综合定额 2010》……其他相关文件进行结算"，结算价最终以某市财政投资评审中心审定为准。因施工场地限制，拆除工程根据批复的施工组织设计方案，C35 钢筋混凝土构件先采用绳锯切割，吊放地面，运输到场内专用堆场，然后再采用机械破碎外运。发承包双方对绳锯切割、机械破碎混凝土构件如何套用定额子目产生争议。

二、双方观点

发包人认为，绳锯切割钢筋混凝土构件，套用《某市建设工程补充定额 2019》中绳锯法拆除钢筋混凝土子目；机械破碎钢筋混凝土构件，套用《广东省建筑与装饰工程综合定额 2010》中"A1-79"（履带式液压岩石破碎机破碎平基岩石普坚石）子目。

承包人认为，绳锯切割钢筋混凝土构件，套用《某市建设工程补充定额 2019》相关子目，不符合合同约定的计价依据；机械破碎钢筋混凝土构件，应套用《广东省房屋建筑和市政修缮工程综合定额 2012》中"R1-1-103"（机械单项拆除混凝土基础有钢筋）子目。

三、我站观点

本项目涉及的绳锯切割钢筋混凝土构件、机械破碎钢筋混凝土构件，属于合同约定使用定额子目的缺项，建议发承包双方通过市场询价合理确定价格。

关于模板工程计价的争议案例

某医药创新中心，资金来源为企业自筹，发包人采用公开招标方式，确定由某建筑公司负责承建。2019 年 7 月签订的设计施工总承包合同显示，合同价格形式为单价合同，工程采用工程量清单计价方式，综合单价按定额组价确定，并以审定的预算价乘以（1－中标下浮率）计算，目前处于预算编审阶段。

一、争议事项

工程合同约定，施工图预算执行《广东省建设工程计价依据 2018》，施工中发生因非承包人原因导致工期延期情形且建设单位要求赶工，现发承包双方对模板定额子目中的防水胶合板、松杂板枋材、钢支撑计价的周转次数产生争议。

二、双方观点

发包人认为，模板施工前承包人并未提供审批的施工方案，材料进场的数量未经确认，无法认定实际投入数量，故应按照定额消耗量计算，不作调整。

承包人认为，工程前期受电塔、山坟、水库蓝线等影响造成工期延期，之后按建设单位要求进行赶工，导致现场模板材料实际投入较大，与定额周转次数严重偏离，故应按照经审批确认的模板施工方案中的进场量进行计算。

三、我站观点

施工图预算编审阶段不应将施工过程中发生的变更或索赔事项纳入预算编制范围。实施过程中，若因非承包人原因导致的赶工，可依据本项目施工建设进度的会议纪要的第二条"产生的抢工费用在预备费中解决，原则上不超过项目概算"，结算时可结合经审批的赶工措施方案和实际施工时的模板投入量及周转次数等资料计算其赶工费用。

关于《广东省绿色建筑计价指引》的计价争议案例

某医药创新中心，资金来源为企业自筹，发包人采用公开招标方式，确定由某建筑公司负责承建。2019 年 7 月签订的设计施工总承包合同显示，合同价格形式为单价合同，工程采用工程量清单计价方式，综合单价按定额组价确定，并以审定的预算价乘以（1—中标下浮率）计算，目前处于预算编审阶段。

一、争议事项

广东省住房和城乡建设厅颁布实施了《广东省绿色建筑计价指引》（以下简称"绿建计价指引"），发承包双方就施工图预算编制时是否执行"绿建计价指引"产生争议。

二、双方观点

发包人认为，本工程于 2019 年 6 月 20 日发布招标公告，2019 年 7 月签订设计施工总承包合同，实际完工时间为 2022 年 9 月 6 日，"绿建计价指引"实施日期前本工程已完工，且合同未约定可调整，故不执行"绿建计价指引"。

承包人认为，依据粤标定复函〔2023〕6 号文规定"施工图预算经发承包双方确定之前已发布的有关定额调整规定应予执行，施工图预算确定之后发布的有关定额调整规定则不执行"，且"绿建计价指引"属于广东省建设工程计价标准，与合同约定的广东省 2018 年的各专业综合定额配套使用，同时本工程的施工图预算尚未确定，故应执行。

三、我站观点

"绿建计价指引"是我省建设工程计价标准之一，与《广东省建设工程计价依据 2018》配套使用。施工图按国家及广东省规定的绿色建筑条例设计，目前工程处于预算编审阶段，故应按"绿建计价指引"进行计价。

关于旋挖灌注桩充盈系数的争议案例

某医药创新中心，资金来源为企业自筹，发包人采用公开招标方式，确定由某建筑公司负责承建。2019 年 7 月签订的设计施工总承包合同显示，合同价格形式为单价合同，工程采用工程量清单计价方式，综合单价按定额组价确定，并以审定的预算价乘以（1－中标下浮率）计算，目前处于预算编审阶段。

一、争议事项

本工程设计施工图纸显示，旋挖灌注桩充盈系数为 1.3，在预算编审阶段，发承包双方就旋挖灌注桩充盈系数如何计算产生争议。

二、双方观点

发包人认为，打桩记录表只记录充盈系数，未记录实际灌入混凝土的工程量，也未提供灌注桩混凝土进场记录等证明资料，无法确定因非承包人原因引起的混凝土超灌量，故应按设计图纸的充盈系数进行计算。

承包人认为，根据《广东省房屋建筑与装饰工程综合定额 2018》A.1.3 桩基础工程 章说明"八、沉管混凝土灌注桩，钻、冲孔灌注桩、旋挖桩、素混凝土桩（CFG 桩）的混凝土含量按 1.20 扩散系数考虑，实际灌注量不同时，可调整混凝土量，其他不变"的规定本工程设计施工图纸充盈系数为暂定系数，具体应根据现场实际地质情况及成桩记录表记录的充盈系数进行计算。

三、我站观点

本工程设计施工图纸说明表示灌注桩的充盈系数为 1.3，在施工图预算编审阶段，应按设计施工图纸的充盈系数进行计算。在实际施工时，若灌注桩的充盈系数与设计说明不一致，按合同工程变更的约定调整合同价款。

关于垂直运输机具安拆费用的计价争议案例

某医药创新中心，资金来源为企业自筹，发包人采用公开招标方式，确定由某建筑公司负责承建。2019年7月签订的设计施工总承包合同显示，合同价格形式为单价合同，工程采用工程量清单计价方式，综合单价按依据《广东省建设工程计价依据2018》编制的施工图预算进行组价确定，目前处于施工图预算编审阶段。

一、争议事项

垂直运输费依据《广东省建设工程计价依据2018》规定，以建筑面积为工程量套用相应定额子目计算。实际施工时采用了9种型号的塔式起重机作为垂直运输机具，在审核施工图预算时，发承包双方对塔式起重机安拆费计取产生争议。

二、双方观点

发包人认为，根据审批的施工方案，本工程共设置9台自升式塔式起重机，故塔式起重机安拆费应套用定额"991305005 自升式塔式起重机每次安拆费"计取。

承包人认为，根据建筑起重机械使用登记牌信息，本工程采用的起重机属于塔式起重机，应套用"991305004 塔式起重机每次安拆费起重力矩250（kN·m）"计取塔式起重机安拆费。

三、我站观点

垂直运输的定额子目是按建筑物高度分别设置的，建筑物60m以上的垂直运输均按自升式塔式起重机考虑。由于综合定额的施工机具台班消耗量是按正常合理的施工机械、现场校验仪器仪表配备情况和大多数施工企业的装备程度综合取定，当实际情况与定额不符时，除各章节另有说明外，均不做调整。因此，施工图预算编审时，应按垂直运输定额子目所配置的施工机具种类、主要技术参数，计算施工机具的每次安拆费。

关于混凝土列入可调价范围的争议案例

某市政工程资金来源为自筹资金，发包人采用公开招标方式，确定由某建筑公司负责承建。2017年10月签订的施工总承包合同显示，合同价格形式为单价合同，采用工程量清单计价方式，目前处于竣工结算阶段。

一、争议事项

本工程合同专用条款第76条物价涨落事件约定的可调材料价差范围为水泥、砂、石、砖、钢筋、管材，现发承包双方就混凝土是否列入可调价范围计算价差产生争议。

二、双方观点

发包人认为，混凝土为商品混凝土，是单独的一种建筑材料，不在合同约定可调价格的主要材料（水泥、砂、石、砖、钢筋、管材）范围内，结算时不进行价格调整。

承包人认为，混凝土由合同约定可调价格的主要材料（水泥、砂、石子）构成，是本工程用量最多、造价占比最大的材料。工程竣工工期因非承包人原因，由2018年2月15日延期至2019年11月13日，实际施工期间物价涨落超出承包人的投标预计，故结算应按合同专用条款第76.1条约定的调价方法对混凝土价格进行调整。

三、我站观点

本工程合同专用条款第76条物价涨落事件约定的可调材料价差范围不包括预拌（商品）混凝土。因工程存在工期延期情形，发承包双方应厘清工期延期的原因、责任，若由于非承包人原因导致工期延期，在延期的施工期间预拌（商品）混凝土价格上涨导致承包人损失的，承包人可向发包人进行索赔。

关于分区段施工增设综合脚手架的
计价争议案例

某医药创新中心，资金来源为企业自筹，发包人采用公开招标方式，确定由某建筑公司负责承建。2019年7月签订的设计施工总承包合同显示，合同价格形式为单价合同，工程采用工程量清单计价方式，综合单价依据《广东省建设工程计价依据2018》编制的施工图预算进行组价确定，目前处于预算编审阶段。

一、争议事项

本工程受施工场地狭小影响，地下室和裙楼需按区段进行施工，发承包双方就分区段施工导致增加搭设综合脚手架的计价产生争议。

二、双方观点

发包人认为，分区段施工增加搭设的综合脚手架，是施工单位为保障安全文明施工采取的措施，综合脚手架应根据《广东省房屋建筑与装饰工程综合定额2018》A.1.21脚手架工程工程量计算规则，按外墙外边线的凹凸（包括凸出阳台）总长度乘以设计外地坪至外墙的顶板面或檐口的高度以"m^2"计算，因分区段施工导致增加搭设的综合脚手架不另计。

承包人认为，本工程受施工场地狭小影响，地下室和裙楼需按区段进行施工，故应按经审批确认的脚手架施工方案分区段计算脚手架工程量。

三、我站观点

定额是按正常的施工条件考虑的，本工程确因场地狭小需分区段进行施工，与定额考虑不一致的，施工图预算编审时，可按经批准或专家论证的脚手架专项方案计算相关费用。

关于专业分包暗室增加费的计价争议案例

某市科技产品建设项目，资金来源为企业自筹，发包人采用邀请招标方式，确定由某建筑公司负责承建。2022 年签订的施工合同显示，工程采用定额计价方式，执行《广东省建设工程计价依据 2018》，合同价格形式为单价合同，目前处于合同履行阶段。

一、争议事项

本工程地下室照明及现场文明施工均由施工总承包单位提供及管理，承包人作为专业分包单位，仅负责消防专业工程施工，现发承包双方就地下室工程计取"在地下（暗）室、设备及大口径管道内等特殊施工部位进行施工增加费"产生争议。

二、双方观点

发包人认为，本工程由施工总承包单位负责提供地下室照明及现场文明施工管理，因此该地下室不属于暗室内施工，同时消防工程属于专业发包工程，发包人将相关总承包服务费支付给施工总承包单位，故不应再计取该项费用。

承包人认为，地下室消防工程施工时局部仍需采用专用设备进行照明，根据定额措施其他项目费的规定，在地下室内进行施工的工程，定额综合考虑其人工降效及照明的计算方式，故在地下室内进行施工的工程均应计算暗室增加费。

三、我站观点

本工程采用定额计价方式，总承包服务费与"在地下（暗）室、设备及大口径管道内等特殊施工部位进行施工增加费"的计算基础及计算方式并不相同，两者并未重复。"在地下（暗）室、设备及大口径管道内等特殊施工部位进行施工增加费"已综合考虑了人工降效及照明，表示只要符合定额规定的特殊环境和条件的，即可按此规定计算增加费。故本工程在地下室内进行施工的项目应按规定计取暗室增加费。

关于清单特征描述与设计图纸
不符的计价争议案例

某市道路综合改造提升工程，资金来源为财政资金，发包人通过公开招标方式，确定由某建筑公司负责承建。2022 年 7 月 22 日签订的施工合同显示，工程采用工程量清单计价方式，合同价格形式为单价合同，目前处于合同履行阶段。

一、争议事项

本工程电缆沟工程中的电缆保护管设计图纸为 DB-BWFRP150×5.5-SN50，清单列项电缆排管 18×DB-BWFRP150×5.5-SN50 的特征描述为 UP-VC，由于清单特征描述与设计图示管材不符，双方就调整该清单综合单价产生争议。

二、双方观点

发包人认为，清单特征描述虽然有误，但清单开项名称与设计管材一致且承包人投标时并未提出质疑，故不应调整清单综合单价。

承包人认为，《建设工程工程量清单计价规范》GB 50500—2013 第 4.1.2 条规定，招标工程量清单的准确性和完整性由招标人负责，合同专用条款第 1.13 条工程量清单错误的修正约定，出现工程量清单错误时，调整合同总价、工程量按实结算，故应调整清单综合单价。

三、我站观点

本工程合同价格形式为单价合同，投标人依据招标清单进行报价。来函资料显示，电缆保护管清单特征描述与设计图纸要求不符，属于清单项目特征描述错误，发承包双方应根据合同专用条款第 1.13 条工程量清单错误修正的约定，重新确定合同清单综合单价。

关于执行地下室楼板模板定额子目的计价争议案例

某住宅工程，资金来源为企业自筹，发包人采用邀请招标方式，确定由某建筑公司负责承建。工程采用定额计价方式，执行《广东省建设工程计价依据2010》，目前处于竣工结算阶段。

一、争议事项

《广东省建筑与装饰工程综合定额2010》A.21模板工程章说明第四款规定"地下室楼板按相应子目的工日、钢支撑及载货汽车用量乘以系数1.20计算"。本工程地下室为三层，发承包双方就套用地下室楼板模板子目时按上述规定乘以系数产生争议。

二、双方观点

发包人认为，A21-53～56地下室楼板模板子目已考虑了增加系数，无须再乘以系数。

承包人认为，执行地下室楼板模板定额子目时，还需按章说明中的规定乘以系数1.20。

三、我站观点

根据《关于印发2010年广东省建筑与装饰工程综合定额问题解答、勘误及补充子目的通知》（粤建造函〔2011〕039号），A.21模板工程章说明的第四款已更正为"地下室楼板支模高度超过3.6m每增加1m按相应子目的工日、钢支撑及载货汽车消耗量乘以系数1.20计算"，故发承包双方应按勘误后的规定执行。

关于地下室柱帽模板执行定额子目的计价争议案例

某住宅工程，资金来源为企业自筹，发包人采用邀请招标方式，确定由某建筑公司负责承建。工程采用定额计价方式，执行《广东省建设工程计价依据2010》，目前处于竣工结算阶段。

一、争议事项

本工程地下室无梁板采用柱帽形式支托，柱帽设计为托板柱帽、倾角柱帽及倾角托板柱帽，发承包双方就柱帽托板、倾角部分的模板执行楼板模板定额子目产生争议。

二、双方观点

发包人认为，柱帽模板应按地下室无梁板厚度套用相关定额子目计价，不单独按柱帽类型分别计价。

承包人认为，因柱帽设计类型较多，柱帽模板制作、安装所消耗的人工、材料与平板不一致，应按柱帽实际类型单独计价。

三、我站观点

本工程采用定额计价，执行的《广东省建筑与装饰工程综合定额2010》中没有柱帽模板，也没有倾角柱帽及倾角托板柱帽情形下调整计算的相关定额子目和说明，属于定额缺项，建议发承包双方协商解决。

关于施工期间主要材料涨价风险的
计价争议案例

某供水工程，资金来源为企业自筹及财政补贴，发包人采用公开招标方式，确定由某建筑公司负责承建。2021年1月签订的施工合同显示，工程合同价格形式为单价合同，采用工程量清单计价方式，目前处于竣工结算阶段。

一、争议事项

本工程施工期间球墨铸铁给水管和钢筋价格涨幅较大，发承包双方就该材料调差产生争议。

二、双方观点

发包人认为，根据合同专用条款第68.1条第（1）点约定"由政府定价或政府指导价管理的原材料价格进行了调整等因素及风险可进行调整其综合单价外，其他因素及风险均由承包人进行综合考虑，不受市场上材料、设备、劳动力和运输价格的波动而改变"，由于球墨铸铁给水管、钢筋不属于政府指导价或者政府定价范畴，因此价格不作调整。

承包人认为，根据合同专用条款第68.1条第（4）点计价中的风险内容及范围约定，主要材料、工程设备价格的风险幅度为5%以内。因此，球墨铸铁给水管、钢筋作为主要材料可调整价差，由于本市建设工程造价管理站发布的信息价中没有球墨铸铁给水管价格，申请采用其他同等级城市建设工程造价管理站发布的球墨铸铁管信息价作为调整价差依据。

三、我站观点

本工程中球墨铸铁给水管和钢筋为主要材料，根据合同专用条款第76条物价涨落事件中约定，主要材料、工程设备价格的风险幅度为5%，超出部分可调整。因此，发承包双方可通过调查施工期市场价格并对比基期同品牌的材料价格，对超过5%的部分进行材料调差。

关于 $\phi 850$ 三轴搅拌桩执行定额动态调整的计价争议案例

　　某市宿舍工程，资金来源为自有资金，发包人采用公开招标方式，确定由某建筑公司与某设计、勘察公司组成的联合体负责承建。2019 年 10 月签订的勘察设计施工总承包合同显示，工程招标采用估算作为最高投标限价，投标采用费率报价方式。工程采用工程量清单计价方式，综合单价依据《广东省建设工程计价依据 2018》编制的施工图预算组价确定，目前处于预算编审阶段。

一、争议事项

　　承包人送审设计概算及施工图预算时间为 2020 年 8 月，发包人在 2021 年 12 月批复施工图预算时按照 2021 年 4 月 7 日发布的《关于广东省建设工程定额动态调整的通知（第 8 期）》（粤标定函〔2021〕67 号）进行计价。发承包双方就已施工完成的内容执行粤标定函〔2021〕67 号文产生争议。

二、双方观点

　　发包人认为，承包人上报该分项工程的概预算时间滞后且超合同招标估算，导致概预算无法按照正常流程进行审批。根据合同专用条款第 14.3.6 条中约定，造价管理部门对局部定额子目勘误的则按勘误后的定额子目执行。由于本工程预算未审批，应按粤标定函〔2021〕67 号文调整内容审核。

　　承包人认为，施工图预算于 2020 年 8 月上报且单项工程已施工完成，不应因发包人晚批复预算而核减承包人应得的造价，故应以具体施工完成时间来批复预算。

三、我站观点

　　本工程合同约定执行广东省现行计价依据，且施工图预算在粤标定函〔2021〕67 号文发布时仍未经发承包双方最终确认，应按粤标定函〔2021〕67 号文的调整内容执行。

30

关于三轴搅拌桩土方（淤泥）外运的
计价争议案例

　　某市宿舍工程，资金来源为自有资金，发包人采用公开招标方式，确定由某建筑公司与某设计、勘察公司组成的联合体负责承建。2019 年 10 月签订的勘察设计施工总承包合同显示，工程招标采用估算作为最高投标限价，投标采用费率报价方式。工程采用工程量清单计价方式，综合单价依据《广东省建设工程计价依据 2018》编制的施工图预算组价确定，目前处于预算编审阶段。

一、争议事项

　　本工程基坑支护工程采用三轴搅拌桩，套用《广东省房屋建筑与装饰工程定额 2018》中"A1-2-32 SMW 工法搅拌桩"定额子目，发承包双方就三轴搅拌桩施工时产生的余土（或泥浆）的外运计量计价产生争议。

二、双方观点

　　发包人认为，"A1-2-32 SMW 工法搅拌桩"定额子目不含土方（或泥浆）的场外运输费用，余土外运应根据现场签证确认的工程量计量计价。

　　承包人认为，施工时未就三轴搅拌桩返浆渣土外运工程量进行现场签证确认，后经发包人协调，组织专家论证的意见为建议按照三轴搅拌桩体体积的 20％～25％计取渣土外运费用，并且施工时正值雨季出土，故应按专家意见上限值 25％计算工程量。

三、我站观点

　　本工程三轴搅拌桩已施工完成，但未有余土（或泥浆）外运工程量的现场签证资料，建议双方协商解决。

关于斜屋面铝合金格栅的计价争议案例

某市宿舍工程，资金来源为自有资金，发包人采用公开招标方式，确定由某建筑公司与某设计、勘察公司组成的联合体负责承建。2019 年 10 月签订的勘察设计施工总承包合同显示，工程招标采用估算作为最高投标限价，投标采用费率报价方式。工程采用工程量清单计价方式，综合单价依据《广东省建设工程计价依据 2018》编制的施工图预算组价确定，目前处于预算编审阶段。

一、争议事项

本工程斜屋面格栅为铝合金格栅，设计做法为 100mm×100mm×2.5mm 铝通，间距为 100mm，转接件为 6mmU 型钢板，通过 10mm 厚镀锌钢板及 M8 膨胀螺栓固定在四周混凝土上。发承包双方就套用定额子目计价产生争议。

二、双方观点

发包人认为，本工程设计图纸屋面铝格栅通过 M8 膨胀螺栓固定铝方通组成。"A1-7-115 屋面格栅 铝格栅"定额施工工艺及工料机与本工程设计图纸内容不符，应套用与本工程设计图纸相吻合的"A1-7-116 屋面格栅 格栅钢骨架"定额子目并进行主材换算。

承包人认为，本工程屋面铝合金格栅格为屋面饰面材料，"A1-7-116 屋面格栅 格栅钢骨架"定额子目仅适用于承重骨架，不适用于装饰屋面。"A1-7-115 屋面格栅 铝格栅"定额子目工序及做法与本工程实际施工吻合，应套用该子目，主材价按铝合金格栅调整，氟碳喷涂含量用量考虑综合计取相应费用，其他不作调整。

三、我站观点

根据双方提供的图纸及施工图片等相关资料，铝合金格栅安装在斜屋面的镂空位置，仅起到造型装饰作用。建议参考"A1-7-115 屋面格栅 铝格栅"定额子目，换算其中主材单价。

关于三轴搅拌桩水泥掺入量取值的计价争议案例

某宿舍工程，资金来源为自有资金，发包人采用公开招标方式，确定由某建筑公司与某设计、勘察公司组成联合体负责承建。2019年10月签订的勘察设计施工总承包合同显示，工程采用工程量清单计价方式，综合单价依据《广东省建设工程计价依据2018》编制的施工图预算组价确定，目前处于预算编审阶段。

一、争议事项

本工程基坑支护采用 ϕ850 三轴搅拌桩，设计图纸说明搅拌桩水泥掺量 $\geqslant$25%，28天无侧限强度 $\geqslant$0.8MPa，地勘报告中淤泥土层重度为 1.61t/m^3，人工填土层重度为 1.7t/m^3，黏土层重度为 1.88t/m^3，水泥掺量设计单位按地勘报告中间值人工填土层重度计算理论为 725kg/幅米（含施工损耗），承包人据此送审设计概算及施工图预算。施工完成后，发包人根据《珠海市软土分布区工程建设指引》中"珠海市水泥土抗压强度系列试验成果"，认为在未加早强剂的情况下，在相同的水泥掺量情况下，当淤泥水泥土达到设计要求的28天无侧限强度 $\geqslant$0.8MPa 时，其他土层的强度已经远远大于设计要求的强度值，故本项目应以地勘报告中淤泥层土重度作为计算参照数据，分析得出 685kg/幅米（如含定额损耗4%，则为712.40kg/幅米）即可满足现场施工要求，但最终审核的预算为 613.73kg/幅米。发承包双方就此部分水泥掺量取值计价产生争议。

二、双方观点

发包人认为，合同专用条款第14.3.6条建安工程费计价方式中约定，施工图预算审核中，如果双方就审核结果存在较大争议的，应以发包人及终审部门（若有）审定的结果为准，因此水泥掺量按发包人确定值计价。

承包人认为，本工程中标即进场施工，发包人审核的预算中水泥掺量

33

613.73kg/幅米与实际偏差 111.27kg/幅米，应按施工前设计明确的水泥掺量 725kg/幅米（含施工损耗）计算。

三、我站观点

本工程为工程总承包模式，承包人除了负责施工外还负责设计任务。若发承包双方已确认设计的合理性，水泥掺入量应根据《关于广东省建设工程定额动态调整的通知（第 8 期）》（粤标定函〔2021〕67 号）"ϕ850 三轴搅拌桩定额子目水泥掺入量按加固土重（1800kg/m³）的 20％考虑，设计不同时可进行调整"的规定，按设计图纸所示计算。

关于骨浆涂料的计价争议案例

某宿舍工程，资金来源为自有资金，发包人采用公开招标方式，确定由某建筑公司与某设计、勘察公司组成联合体负责承建。2019 年 10 月签订的勘察设计施工总承包合同显示，工程采用工程量清单计价方式，综合单价依据《广东省建设工程计价依据 2018》编制的施工图预算组价确定，目前处于预算编审阶段。

一、争议事项

本工程裙楼外墙墙面采用真石漆，塔楼外墙墙面采用骨浆涂料，但因无骨浆涂料适用的定额子目，发承包双方就骨浆涂料计价产生争议。

二、双方观点

发包人认为，根据经审批的施工方案，骨浆涂料与真石漆在施工工艺和工作内容存在较大差别，骨浆涂料不能采用真石漆定额换算主材，应进行市场询价。

承包人认为，骨浆涂料的施工工艺与真石漆相同，均为抹底层找平腻子、抹面层腻子、打磨平整、辊涂特制抗碱封闭底漆、喷涂天然真石漆或骨浆涂料、辊涂自洁防尘面漆，仅漆面不一样，故骨浆涂料可借用 A1-15-143 真石漆定额子目换算主材单价，骨浆材料价格参考周边地区信息价。

三、我站观点

查阅本工程设计图纸，虽然显示真石漆与骨浆涂料的做法均为一底两面，但经对比设计要求及经审批的外墙涂料施工方案，骨浆涂料厚度较真石漆薄，二者完成每平方米工程量所消耗的人材机差异较大，因此本项目骨浆涂料施工不能直接采用真石漆定额换算主材定价，属于定额缺项，建议发承包双方按市场询价协商计算。

关于外墙抹灰厚度增加的计价争议案例

某住宅工程，资金来源为企业自筹，发包人采用邀请招标方式，确定由某建筑公司负责承建。工程采用定额计价方式，执行《广东省建设工程计价依据2010》，目前处于竣工结算阶段。

一、争议事项

本工程部分建筑物高度超过20m，阳台栏板等部位外墙与结构外墙不在同一垂直面，发承包双方就外墙抹灰厚度增加的计价产生争议。

二、双方观点

发包人认为，外墙抹灰厚度增加计价需要同时满足垂直方向与水平方向皆连续；阳台栏板等部位外墙与结构外墙虽然抹灰厚度一致，但只水平方向连续，垂直方向不连续，所以不应计算抹灰厚度增加。

承包人认为，因阳台栏板等部位外墙与相连的垂直方向连续的结构外墙处于同一水平面且抹灰厚度一致，故应计算抹灰厚度增加。

三、我站观点

根据来函附图，阳台栏板等部位外墙与垂直方向连续的结构外墙处于同一施工面，应按定额规定计算抹灰厚度增加，即垂直方向不连续的非结构外墙面与垂直方向连续的结构外墙面处于同一水平施工面时，抹灰厚度应根据结构外墙面确定。

关于滑模上人盘道（斜道）的计价争议案例

某粮库工程资金来源为政府投资，发包人采用公开招标方式，确定由某建筑公司负责承建。2021 年 8 月签订的施工合同显示，合同价格形式为单价合同，采用工程量清单计价方式，目前处于竣工结算阶段。

一、争议事项

本工程筒仓仓壁均采用滑模工艺施工，发承包双方就上人盘道（斜道）计价产生争议。

二、双方观点

发包人认为，本工程工程量清单中关于滑模清单项的特征描述为"1. 筒仓滑模；2. 另以上工作内容及未提及部分详见相关规范、招标文件及图纸"，该清单特征描述中已明确包含招标文件及图纸内容，上人盘道的施工内容包含在施工图纸中。

承包人认为，上述清单特征描述未包含上人盘道，且施工图纸只有构筑物实体施工内容，并未包含上人盘道等措施内容。本项目客观存在且实际发生用于整个工程的上人盘道，与滑模施工本身并无关联，应增加该专项措施费用。

三、我站观点

根据来函资料，结合《液压滑动模板施工安全技术规程》JGJ 65—2013 及《建筑施工高处作业安全技术规范》JGJ 80—2016 的相关要求，上人盘道（斜道）是作为高处作业施工时的必要措施，本工程采用滑升模板施工，需按照相关安全技术规范要求搭设上人盘道（斜道），它是为施工人员上下的专用通道，不属于滑升模板的工作内容，且本工程采用清单计价方式，招标工程量清单中模板的项目特征未明确包含"上人盘道（斜道）搭拆"，上人盘道（斜道）搭拆亦未在招标清单中开列，属于清单漏项。根据合同专用条款第 23 条合同价款及调整"6. 招标工程量清单中每一项工程量漏项按实计算"以及"15. 措施项目费：（3）因项目需要增加或调整的专项措施费（含安全防护、文明施工措施费）经监理单位及招标人书面同意后实施，费用按实结算"的约定，应依据经审批的上人盘道（斜道）施工专项方案，增加该专项措施费用。

关于铝模的计价争议案例

某公寓工程资金来源为企业自筹，发包人采用公开招标方式，确定由某建筑公司与某设计、勘察公司组成的联合体负责承建。2021 年 2 月签订的施工总承包合同显示，合同价格形式为单价合同，采用工程量清单计价方式，目前处于竣工结算阶段。

一、争议事项

本工程招标文件约定采用木模施工，施工过程中应发包人要求改为铝模施工，合同约定新增清单项目综合单价依据《广东省房屋建筑与装饰工程综合定额 2018》相关定额子目确定，发承包双方就套用铝模定额产生争议。

二、双方观点

发包人认为，按现有 A.1.20.5 铝合金模板定额子目确定新增清单项目综合单价。

承包人认为，塔楼标准层只有 6～9 层，现有铝合金模板定额子目不适用于本工程，申请按实际成本加合理的利润确定新增清单项目综合单价。

三、我站观点

《关于印发广东省建设工程定额动态调整的通知（第 4 期）》（粤标定函〔2020〕334 号）就《广东省房屋建筑与装饰工程综合定额 2018》中 A.1.20.5 铝合金模板补充说明"本章铝模板定额子目适用于建筑物标准层超过 20 层（含 20 层）以上的住宅和公共建筑，不适用于标准层较少（20 层以下）、层数较低的学校、医院、监狱、展览馆等建筑物。"本工程标准层铝模超出定额适用范围，建议发承包双方依据经审批的施工方案进行市场询价，合理确定相关费用。

关于槽钢加挡土板支护的计价争议案例

某生活污水治理工程，资金来源为财政资金，发包人采用公开招标方式，确定由某建筑公司与某设计公司组成的联合体负责承建。2022 年 3 月签订的设计施工总承包合同显示，工程采用工程量清单计价方式，综合单价依据《广东省建设工程计价依据 2018》编制的施工图预算组价确定，目前处于施工图预算审核阶段。

一、争议事项

本工程设计图纸管道开挖及支护要求：当管道 1.2m＜埋深≤3.5m 时，采用槽钢加挡土板支护方式，除管沟全长采用挡土板支护外，每隔 0.8m 额外增加了桩长 3m 的 20 号 B 槽钢用于支护，发承包双方就此支护方式的计价产生争议。

二、双方观点

发包人认为，槽钢加挡土板支护方式，计价只计挡土板的价格，不计槽钢的价格。

承包人认为，槽钢加挡土板支护方式，计价需分别考虑槽钢计量计价和挡土板计量计价。

三、我站观点

本工程为市政总承包工程，设计、施工均由承包人负责，工程设计图纸显示管沟开挖需要同时采用挡土板及槽钢方式进行边坡支护，在发承包双方确认支护方案的合理性前提下，依据《广东省市政工程综合定额 2018》D.1.3 软基处理、桩及支护工程工程量计算规则，槽钢加挡土板支护方式，应分别计算支挡土板、沟槽竖向钢支护的相关费用。其中挡土板套用支挡土板的定额子目组价时，由于部分挡土板采用了槽钢支护，对比支挡土板定额子目的支撑体系发生变化，因此该部分挡土板套用支挡土板子目时，需扣除定额所包含的松杂原木材料费用。

39

关于 2205 双相不锈钢管调整价差的争议案例

某泵站更新改造工程，资金来源为企业自筹，发包人采用公开招标方式，确定由某建筑公司与某设计公司组成的联合体负责承建。2020 年 8 月签订的勘察设计施工总承包合同显示，工程采用工程量清单计价方式，合同价格形式为单价合同，目前处于合同结算阶段。

一、争议事项

本工程合同专用条款第 23.5.3 条第（2）点约定，调价的范围仅限于人工、钢材、水泥、商品混凝土、预拌砂浆、沥青商品混凝土、石材、混凝土制品、铝材及铝材制品、电线、电缆，而其他材料、设备及机械费用均不予调整。同时，约定在本市造价管理部门发布的"材价信息"中的材料方可计算价差，发承包双方就工程所用 2205 双相不锈钢管材料调差产生争议。

二、双方观点

发包人认为，根据合同专用条款约定，本市"材价信息"未有发布 2205 双相不锈钢管价格信息，因此不属于可调价范围。

承包人认为，2205 双相不锈钢管材、管件、阀门作为本工程最主要的材料，其属于不锈钢管类，而不锈钢管属于钢材类，虽然本市"材价信息"未有 2205 双相不锈钢管价格信息，但自 2021 年以来不锈钢材料价格涨幅超过 10%，符合双方合同约定调差的要求，因此按照合同约定应进行材料调差。

三、我站观点

合同专用条款第 23.5.3 条第（2）点明确约定可调价的材料范围为本市"材价信息"中有价格信息的材料，而 2205 双相不锈钢管在本市"材价格信息"中未有对应的材料，故不予以调差。但如果 2205 双相不锈钢管价格波动导致损失过大的，建议受损一方可以索赔方式提出诉求。

关于丛生植物丛径尺寸量取的争议案例

某绿化工程，资金来源为财政资金，发包人采用公开招标方式，确定由某园建公司负责承建。2021年4月签订的施工合同显示，工程采用定额计价方式，合同价格形式为总价合同，目前处于竣工结算阶段。

一、争议事项

本工程种植的苗木（蒲葵、大叶棕竹）在套取定额子目选取规格时，发承包双方对丛径的尺寸量取的位置与评审单位产生争议。

二、双方观点

发包人认为，丛径是指丛生植物在基部丛生出来的众多茎秆自然组合形成的一个整体的基部的平均直径，在短小灌木和草本植物中各种丛生的情况较常见，故可以"丛"为单位，测量共同种各丛的最小丛径、一般丛径和最大丛径。

承包人认为，依据定额附录名词解释"丛径指丛生植物在基部丛生出来的众多茎秆自然组合形成的一个整体的基部的平均直径"，应按茎秆自然展开的幅度取高中低三个部位量取直径求平均值。

三、我站观点

定额子目丛径是指丛生植物在基部丛生出来的众多茎秆自然组合形成的一个整体的基部向上0.1m处的直径，故发承包双方应以基部向上0.1m处的直径为准。

关于管道焊缝热处理的计价争议案例

某石化工程，资金来源为企业自筹，发包人采用邀请招标方式，确定由某建筑公司负责承建。2020年12月签订的施工合同显示，工程采用工程量清单计价方式，合同价格形式为单价合同，目前处于竣工结算阶段。

一、争议事项

本工程需要按规范要求对一定管径规格范围的管道焊缝进行热处理，但在施工过程中发包人要求承包人对超出管径规格范围以外的管道焊缝也进行热处理，导致新增清单需要按合同条款确定综合单价。结算时发承包双方就管道外径小于219mm、壁厚小于20mm的焊缝热处理的综合单价确定产生争议。

二、双方观点

发包人认为，管道外径小于219mm、壁厚小于20mm的焊缝热处理无相同或类似清单综合单价可参考应用，属于新增清单项目，按合同约定新增清单项目综合单价优先执行《广东省通用安装工程综合定额2018》，该定额中缺项部分参考其他相关行业定额。由于该定额碳钢焊缝热处理中没有对应的管道外径小于219mm、壁厚小于20mm的定额子目，故应执行中石化《石油化工安装工程预算定额2019》热处理子目。

承包人认为，定额中有管道外径219×壁厚20～30（mm以内）的定额子目C8-16-189碳钢电加热片焊口热处理，因此对于管道外径小于219mm，壁厚小于20mm的管道焊缝热处理应执行该定额子目。

三、我站观点

发承包双方按合同约定采用现行定额组价确定新增清单项目综合单价，但因《广东省通用安装工程综合定额2018》对于碳钢管道外径小于219mm、壁厚小于20mm的焊缝热处理没有适用的定额子目，属于定额缺项，故按合同约定可参考其他相关行业定额计价。

关于 21m 高处新增喷淋管道的计价争议案例

某食品厂扩建工程，资金来源为企业自筹，发包人采用邀请招标方式，确定由某建筑公司负责承建。2021 年 7 月签订的施工合同显示，合同价格形式为单价合同，采用工程量清单计价方式，目前处于合同履行阶段。

一、争议事项

本工程因设计变更，需要在高度为 21m 的钢架屋面增设喷淋管道，根据已审批的施工方案，施工时需采用曲臂车和平板操控台作为施工平台进行喷淋管道安装。发承包双方对增设的喷淋管道综合单价的计价产生争议。

二、双方观点

发包人认为，根据合同约定的新增单价原则，按照《建设工程工程量清单计价规范》GB 50500—2013 和《广东省通用安装工程综合定额 2018》计算工程超高增加费和高层建筑增加费即可，无须再计算曲臂车（汽车式起重机）和平板操控台的相关费用。

承包人认为，除了根据合同约定计价原则计取工程超高增加费和高层建筑增加费外，还需按已审批的施工方案计取曲臂车（汽车式起重机）和平板操控台的租赁费用。

三、我站观点

本工程的操作高度为 21m，已超出合同约定的新增单价依据《广东省通用安装工程综合定额 2018》工程超高增加费适用的最大操作高度 20m 的范围，因此，定额已不适用，建议发承包双方依据经审批的施工方案，结合市场询价，合理确定相关费用。

关于圆木桩加挡土板支护方式的计价争议案例

某生活污水治理工程，资金来源为财政资金，发包人采用公开招标方式，确定由某建筑公司与某设计公司组成的联合体负责承建。2021年11月签订的设计施工总承包合同显示，工程采用工程量清单计价方式，综合单价依据《广东省市政工程综合定额2018》编制的施工图预算组价确定。

一、争议事项

本工程的管道开挖支护设计说明及大样图显示，当1.2m＜管道开挖深度≤2.5m时，采用圆木桩加挡土板支护方式，即在管沟全长采用挡土板支护的基础上，每隔1m挡土板外围增加1根长4m、尾径12cm的圆木桩用于加强支护。施工图预算编审时，发承包双方就该支护方式套用定额产生争议。

二、双方观点

发包人认为，挡土板定额子目已含圆木支撑材料，故圆木桩无须另外计价。

承包人认为，挡土板定额子目考虑的是横向支撑费用，而施工图的圆木桩作用是竖向支撑，故需另外计价。

三、我站观点

本工程为市政专业工程总承包项目，设计、施工均由承包人负责。工程设计图纸显示管沟开挖采用挡土板加圆木桩方式进行基坑支护，在发承包双方确认支护方案的合理性的前提下，依据《广东省市政工程综合定额2018》D.1.3软基处理、桩及支护工程工程量计算规则，该支撑支护方式应分别计算圆木桩、支挡土板的相关费用。其中，挡土板套用支挡土板的定额子目组价时，由于圆木桩替代了木方支撑作用，故需扣除定额内松杂原木材料的消耗量。

关于塔楼与裙楼交接部分的超高
降效及垂直运输费的计价争议案例

某生产研发办公商业配套工程，资金来源为自筹资金，发包人采用公开招标方式，确定由某建筑公司与某勘察、设计公司组成的联合体负责承建。2020 年 8 月签订的勘察设计施工总承包合同显示，工程概算采用《广东省建设工程计价依据 2018》编制，目前处于概算审核阶段。

一、争议事项

本工程裙楼与塔楼相连，施工顺序是先塔楼后裙楼，发承包双方对于塔楼与裙楼交接部分的超高降效及垂直运输费计价产生争议。

二、双方观点

发包人认为，塔楼处于裙楼范围内，塔楼与裙楼交接部分属于裙楼，故此部分超高降效及垂直运输费按裙楼高度计算。

承包人认为，本工程采用先塔楼后裙楼的施工方式，虽然塔楼与裙楼交接部分与裙楼同高，但是在高层建筑主体投影范围内，需单独搭设塔楼的综合脚手架，等同于独立塔楼施工，故此部分超高降效及垂直运输费用应按塔楼高度计算。

三、我站观点

依据所提供的资料，按常规组织施工时裙楼区域塔楼投影范围内交接部分，其垂直运输费应按裙楼高度计算，超高降效费按定额"建筑物如有不同的高度时，按下列公式计算加权平均高度（公式中的 S1、S2、S3 均指各层面积之和）"计算。实施中，如因发包人要求，塔楼先施工，交接部位完成后再施工裙楼其他部分时，由此导致承包人成本费用增加的，结算时可按经审定的施工组织设计或施工方案另行计算费用。

关于旋挖桩凿桩头的计价争议案例

　　某生产研发办公商业配套工程，资金来源为自筹资金，发包人采用公开招标方式，确定由某建筑公司与某勘察、设计公司组成的联合体负责承建。2020年8月签订的勘察设计施工总承包合同显示，工程概算采用《广东省建设工程计价依据2018》编制，目前处于概算审核阶段。

一、争议事项

　　本工程旋挖桩部分检测桩的空桩段因桩基检测要求，需要浇捣钢筋混凝土桩身至施工地坪面，施工后此部分混凝土桩身（约8m长）采用（带液压镐）履带式单斗挖掘机拆除，发承包双方对该桩身拆除计价产生争议。

二、双方观点

　　发包人认为，桩身拆除采用（带液压镐）履带式单斗挖掘机，与"A1-3-142凿桩头"定额子目的工艺和机械不一样，应借用市政定额子目D1-4-71"机械拆除混凝土构筑物有筋"计价。

　　承包人认为，执行定额计价的标准应根据工程专业属性及其适用范围来界定，不是以施工工艺和选用的施工机械来划分，按照合同约定，建筑与装饰工程执行《广东省房屋建筑与装饰工程综合定额2018》（以下简称"房建定额"），旋挖桩检测桩桩头拆除有适用的定额子目，不属于定额缺项、需借用定额情况，按定额总说明也不需要进行任何定额换算。

三、我站观点

　　本工程旋挖桩检测桩桩头拆除应执行房建定额"A1-3-142凿桩头"子目，该子目已综合考虑拆除桩头长度，凿桩头实际使用机械与定额不一致时，除另有规定外，不作调整。

关于钢筋混凝土泥浆池拆除的计价争议案例

某生产研发办公商业配套工程，资金来源为自筹资金，发包人采用公开招标方式，确定由某建筑公司与某勘察、设计公司组成的联合体负责承建。2020年8月签订的勘察设计施工总承包合同显示，工程概算采用《广东省建设工程计价依据2018》编制，目前处于概算审核阶段。

一、争议事项

本工程桩基础工程的泥浆池为钢筋混凝土结构，现场采用履带式单斗挖掘机（带液压镐）拆除，发承包双方对该泥浆池拆除套用定额产生争议。

二、双方观点

发包人认为，泥浆池采用履带式单斗挖掘机（带液压镐）拆除，应按实际采用的机械和工艺，借用市政定额子目D1-4-71"机械拆除混凝土构筑物有筋"计价。

承包人认为，执行定额计价的标准应根据工程专业属性及其适用范围来界定，不是以施工工艺和选用的施工机械来划分，应按房建定额A1.1.19.2"现浇混凝土及钢筋混凝土构件拆除"相关子目计价，不进行任何定额换算和定额借用。

三、我站观点

依据房建定额A.1.3桩基础工程章说明第十六项规定，泥浆池（槽）拆除，可根据设计或施工方案套用"A.1.19拆除工程"的相应子目，列入措施费中计取；同时，实际施工拆除机具与定额不同时，除另有规定允许调整外，定额不作调整。

关于履带式旋挖钻机安拆费的计价争议案例

某生产研发办公商业配套工程，资金来源为自筹资金，发包人采用公开招标方式，确定由某建筑公司与某勘察、设计公司组成的联合体负责承建。2020 年 8 月签订的勘察设计施工总承包合同显示，工程概算采用《广东省建设工程计价依据 2018》编制，目前处于概算审核阶段。

一、争议事项

本工程采用履带式旋挖钻机施工桩基础工程，发承包双方对于履带式旋挖钻机安拆费计价产生争议。

二、双方观点

发包人认为，在《广东省建设工程施工机具台班费用编制规则 2018》第 173～175 页未单独列出履带式旋挖钻机，不应单独计算其安拆费。

承包人认为，履带式旋挖钻机符合《广东省建设工程施工机具台班费用编制规则 2018》第 2 页说明"安拆复杂、移动需要起重及运输机械的重型施工机械，其安拆费单独计算"的条件，应单独计算其安拆费。

三、我站观点

《广东省建设工程施工机具台班费用编制规则 2018》第 38 页"履带式旋挖钻机"台班未考虑安拆费，桩机进入或退出工地现场，需吊车或履带式挖掘机配合组装及拆除钻杆、桅杆、动力头等部件，结合第 2 页说明，履带式旋挖钻机安拆费属于单独计算类型。

关于钢护筒材料调差的计价争议案例

某生产研发办公商业配套工程，资金来源为自筹资金，发包人采用公开招标方式，确定由某建筑公司与某勘察、设计公司组成的联合体负责承建。2020 年 8 月签订的勘察设计施工总承包合同显示，工程概算采用《广东省建设工程计价依据 2018》编制，目前处于概算审核阶段。

一、争议事项

本工程桩基础采用旋挖桩钢护筒，发承包双方就"A1-3-99 钢护筒埋设、拆除"定额子目内钢护筒材料调差产生争议。

二、双方观点

发包人认为，本定额子目中钢护筒为周转材，其费用属于摊销费用，不属于主要材料及设备；依据合同条款"辅材价格执行采用的定额各专业工程综合定额中的辅材价格，若定额中没有的辅材则不予考虑计算"，故钢护筒材料应执行定额价格。

承包人认为，本定额子目中钢护筒为主材，依据合同条款，对于本市无信息价的主材，可参考周边信息价通过定价流程审批确定。

三、我站观点

"A1-3-99 钢护筒埋设、拆除"子目，钢护筒虽为周转材，但亦属于该定额子目的主要材料，钢护筒应依据合同专用条款有关约定计算。

关于按系数计算的安全防护
文明施工措施费的计价争议案例

某科技产业中心工程，资金来源为企业自筹，发包人采用邀请招标方式，确定由某建筑公司负责承建。2019年4月签订的施工总承包合同显示，工程采用工程量清单计价方式，综合单价依据《广东省建设工程计价依据2010》编制的施工图预算组价确定，目前施工图预算已审定，但有争议事项遗留待定。

一、争议事项

本工程采用概算为最高投标限价，其中按系数计算的安全防护文明施工措施费依据概算建安工程费内金额填报，发承包双方对概算中暂估价经深化设计明确可以计价后，是否在编制预算时计取按系数计算的安全防护文明施工措施费，以及中标后扬尘污染防治、用工实名管理、绿色施工措施等新政策要求是否调整计算系数发生争议。

二、双方观点

发包人认为，合同专用条款第3.1(12)条约定"合同价已包含绿色施工措施费（扬尘污染防治费）"，故编制施工图预算时，按系数计算的安全防护文明施工措施费应按合同专用条款第6.1.6条约定的总额计算，预算、结算均不再调整。

承包人认为，合同专用条款第3.1(12)条及合同专用条款第6.1.6条约定，安全防护文明施工措施费为不可竞争项，但合同约定的金额并未包含暂估价部分的安全防护文明施工措施费，也未包含扬尘污染防治费、用工实名管理费、绿色施工措施费，因此编制预算时应重新按《广东省建设工程计价依据2010》及本市2018年4月后最新相关计价文件规定计算。

三、我站观点

经查核所提交资料，合同专用条款第6.1.6条约定的费用金额并未包括

50

暂估价部分按系数计算的安全防护文明施工措施费，且合同也未约定按系数计算的安全防护文明施工措施费实行中标总价包干，由于暂估价内包含了安全防护文明施工措施费，因此编制预算时，如概算中暂估价可以明确计量计价的，应提取其中的安全防护文明施工措施费，如不能明确计量计价的，在结算时根据暂估价结算金额提取其中的安全防护文明施工措施费。此外，中标后新颁布的扬尘污染防治、用工实名管理、绿色施工措施等新政策、新标准的，应按工程所在地市发布的相关调整规则计价。

关于材料二次运输费的计价争议案例

某老旧小区改造工程，资金来源为财政资金，发包人采用公开招标方式，确定由某建筑公司与勘察、设计公司组成的联合体负责承建。2021年11月签订的勘察设计施工总承包合同显示，工程采用工程量清单计价方式，综合单价依据《广东省建设工程计价依据2018》编制的施工图预算组价确定，目前处于预算编审阶段。

一、争议事项

本工程为老旧城区改造，镇上内部自有道路较窄且无法通行，且极易影响两侧房屋结构，导致无法设置材料堆放场地，施工机械、车辆、材料运输无法直接到达施工现场，必须通过转运，才能满足施工及工期要求。现发承包双方对材料二次运输费的计价产生争议。

二、双方观点

发包人认为，材料二次运输费已在预算包干费中综合考虑，不应另计算。

承包人认为，根据合同专用条款第2.4.2条约定"施工图完成后，承包人须在预算编制前出具详尽的施工组织设计（含详细的措施设计图以及材料设备的运输方案），经发包人及监理单位审批后实施，纳入预算。施工现场与城乡公共道路间的通道（场外施工便道、便桥）、施工期间的临时支护工程，由承包人根据需要（包括商品混凝土进场、大型施工设备、本项目相关设备和检测设备等进场需要），在承包人的施工组织设计中综合考虑，费用在预算中一并计算，包干使用，结算时不做调整。施工期间材料、设备无法直接运载到施工点时，其转运费用以经发包人、监理审批后的施工组织设计为计算依据，在预算中一并计算，包干使用，结算时不做调整"，应套用相关定额子目在其他措施费中计算。

三、我站观点

材料二次运输是指因施工环境和场地限制，汽车不能直接运到现场（不能直接原车运送到施工组织设计要求的范围内的堆放地点），必须再次运输所发生的装卸运工作；预算包干费中"因地形影响造成的场内料具二次运输"是指因施工现场内地形原因而产生的二次运输；两者适用条件的地点范围不同。本工程合同专用条款第 2.4.2 条对场地限制条件下的材料二次运输有明确约定，发承包双方应按照合同约定，在预算中计取材料二次运输费用，结算时不作调整。

关于外墙聚合物水泥砂浆套取
定额的争议案例

　　某老旧小区改造工程，资金来源为财政资金，发包人采用公开招标的方式，确定由某建筑公司与勘察、设计公司组成的联合体负责承建。2021 年 11 月签订的勘察设计施工总承包合同显示，工程采用工程量清单计价方式，综合单价依据《广东省建设工程计价依据 2018》编制的施工图预算组价确定，目前处于预算编审阶段。

一、争议事项

　　本工程外墙面装饰陶晶石饰面做法：①建筑基面……⑤15 厚 1：2.5 水泥砂浆找平层抹光（预拌）；⑥20 厚聚合物水泥砂浆底层；⑦聚合物水泥防水涂料（刷二遍）……现发承包双方就上述第⑥点做法套用定额产生争议。

二、双方观点

　　发包人认为，此做法为底层抹灰，应套用"A1-10-111 普通防水砂浆立面20mm 厚"定额子目，主材聚合物砂浆换算按市场成品价进行。

　　承包人认为，聚合物砂浆抹灰与防水砂浆抹灰的工艺、工序不一致，应套用"A1-13-23 墙面聚合物水泥砂浆 20mm"定额子目。

三、我站观点

　　按照本工程设计要求，20mm 厚聚合物水泥砂浆为外墙装饰抹灰层中的中层，是防水涂料的基层面，应套用《广东省房屋建筑与装饰工程综合定额2018》"A1-13-23 墙面聚合物水泥砂浆 20mm"定额子目。

关于灌注桩钢护筒的计价争议案例

某保障房工程，资金来源为财政资金，发包人采用公开招标方式，确定由某建筑公司负责承建。2018年12月签订的施工总承包合同显示，合同价格形式为单价合同，采用工程量清单计价方式，目前处于竣工结算阶段。

一、争议事项

灌注桩招标清单项目特征描述为"包括但不限于以下内容：1. 成孔、灌注混凝土 2. 综合考虑地质情况、入岩深度、泥浆运输距离、桩径、桩长、超灌高度、灌注混凝土的扩散系数及施工工艺、其他等按照图纸和规范要求、完成这项工程的一切有关费用"，结算时发承包双方对灌注桩钢护筒费用是否包含在灌注桩综合单价中产生争议。

二、双方观点

发包人认为，灌注桩招标清单项目特征描述覆盖了《建设工程工程量清单计价规范》GB 50500—2013的泥浆护壁成孔灌注桩清单所有工作内容，且灌注桩施工图设计说明第2.2条对钢护筒设置有明确要求，故投标单价应综合考虑钢护筒费用，不属于清单漏项。

承包人认为，灌注桩招标清单项目特征描述未明确钢护筒制安和拆除，投标报价中也未包含钢护筒安拆费用，钢护筒制安、拆除费用应作为清单漏项在结算中按实计取。

三、我站观点

本工程采用工程量清单计价方式，灌注桩清单项目特征并未对钢护筒型号、长度进行描述，属于清单漏项。但由于合同未对发生清单漏项事件而调整合同价款的方式方法进行约定，根据合同协议书第7条组成合同的文件"国家及广东省、珠海市的标准、规范及有关技术文件"，建议发承包双方根据《建设工程工程量清单计价规范》GB 50500—2013第9.5条规定，增加工程桩钢护筒费用。

关于变更采用抗震钢筋的计价争议案例

某保障房工程，资金来源为财政资金，发包人采用公开招标方式，确定由某建筑公司负责承建。2018 年 12 月签订的施工总承包合同显示，合同价格形式为单价合同，采用工程量清单计价方式，目前处于竣工结算阶段。

一、争议事项

招标图结构说明抗震等级为一、二、三级的框架和斜撑构件（含梯段），其纵向受力钢筋应采用牌号带"E"的钢筋，其余构件及非纵向受力钢筋均采用非抗震钢筋。施工中设计变更螺纹钢全部采用抗震钢筋，发承包双方对非抗震钢筋变为抗震钢筋部分的计价产生争议。

二、双方观点

发包人认为，首先预算编制和招标当期至施工期间的信息价均有非抗震钢筋与抗震钢筋信息价格，因此承包人有条件及时间采购非抗震钢筋并进行施工；其次设计变更单为"由于非抗震钢筋资源极度匮乏，为保证正常施工，螺纹钢只能采购抗震钢筋，同意此项目螺纹钢全部采用抗震钢筋进行施工"，说明此变更是由于施工单位自身原因未合理安排时间采购非抗震钢筋而造成的，增加的工程造价不予计算。

承包人认为，由于非抗震钢筋资源极度匮乏，为保证正常施工，经发包人同意，本项目螺纹钢全部采用抗震钢筋进行施工，设计单位据实出具设计变更，且合同工程量清单中有相应的清单价格，应按照合同约定的设计变更原则计价。

三、我站观点

来函资料显示，同意螺纹钢全部采用抗震钢筋的工作联系单、工程设计修改通知单是在承包人实施完抗震钢筋代替非抗震钢筋后完成报请、签署、审批等手续，故无法判定发承包双方当初实施变更的真实意思，建议双方遵循公平、公正、诚信原则协商解决。

关于地下室现浇构件钢筋综合
单价的计价争议案例

某商住配套工程，资金来源为企业自筹，发包人采用公开招标方式，确定由某建筑公司与某设计公司组成的联合体负责承建。2020年5月签订的设计采购施工总承包合同显示，工程采用工程量清单计价方式，合同价格形式为单价合同，目前处于竣工结算阶段。

一、争议事项

本工程根据初步设计图纸采用模拟清单招标，工程总承包合同签订后，按发包人审批的施工图完成了以中标综合单价为基础的重新计量，并按重新计量结果签订了补充协议。现发承包双方就已标价的地下室现浇构件钢筋清单综合单价结算产生争议。

二、双方观点

发包人认为，地下室现浇构件钢筋清单综合单价严重高出市场合理水平，承包人明显应用了不平衡报价，此项若按中标综合单价进行结算将损害发包人利益，因此主张按照《建设工程工程量清单计价规范》GB 50500—2013第9.6条"工程量偏差"规定，对结算工程量与招标清单工程量偏差15%以上的清单项目，按修正后的综合单价调整合同价。

承包人认为，本工程为公开招标项目，招标文件未对不平衡报价进行约定，且评标过程也未将该清单报价定义为"不平衡报价"，双方在中标结果公示后按投标价格签订了合同，并在重新计量后仍按中标综合单价签订了补充协议；根据合同专用条款第27条约定，不论结算时清单项目工程量怎么变化，综合单价均不做调整，所以结算应遵照合同约定执行。

三、我站观点

依据来函资料，招标文件、施工合同均未对不平衡报价的认定标准（±偏差率）进行定义以及明确其调整方法，招标时仅公布了最高投标限价，未提供最高投标限价明细，在重新计量时也未对偏差大的清单项目综合单价进行调整，并在发承包双方签订补充协议时按中标综合单价予以确认，故结算时应按合同专用条款第 27 条约定，地下室现浇构件钢筋清单项目按中标综合单价结算。

关于灌注桩纵向钢筋套筒
连接的计量争议案例

某生产研发办公商业配套工程，资金来源为自筹资金，发包人采用公开招标方式，确定由某建筑公司与某勘察、设计公司组成的联合体负责承建。2020年8月签订的勘察设计施工总承包合同显示，工程概算采用《广东省建设工程计价依据2018》编制，目前处于概算审核阶段。

一、争议事项

本工程桩基础采用钻孔（旋挖）灌注桩，设计要求抗拔桩纵筋接头应采用机械连接或套筒连接，不得采用绑扎搭接。其余纵筋接头按直径采用搭接形式，直径 $d \geqslant 16mm$ 采用套筒连接；$d < 16mm$ 采用绑扎搭接。发承包双方就钻孔（旋挖）灌注桩纵向钢筋套筒连接的计量产生争议。

二、双方观点

发包人认为，该搭接为非设计搭接，根据合同专用条款第7.2.17(26)条"……因钢筋加工综合开料和钢筋出厂实尺长度所引起钢筋非设计接驳或搭接长度等措施筋均不另外计算费用"的约定，不应计算。

承包人认为，编制概算阶段，应按合同第14.3.6（1）条约定，执行《广东省房屋建筑与装饰工程综合定额2018》（以下简称"房建定额"）A.1.5混凝土与钢筋混凝土工程工程量计算规则第二条第（三）点规定，计算纵向钢筋套筒连接的数量。

三、我站观点

合同约定概算编制依据采用《广东省建设工程计价依据2018》，本工程的桩纵向钢筋属于设计图示及规范未标明的通长钢筋，桩纵向钢筋套筒连接工程量应根据房建定额A.1.5混凝土与钢筋混凝土工程工程量计算规则第二条第三款规定计算。而合同专用条款第7.2.17(26)条是对钢筋清单工程量计算规则的约定，不适合综合单价组价过程中的定额使用。

关于扣减声测管钻芯导管
体积的计量争议案例

某生产研发办公商业配套工程，资金来源为自筹资金，发包人采用公开招标方式，确定由某建筑公司与某勘察、设计公司组成的联合体负责承建。2020 年 8 月签订的勘察设计施工总承包合同显示，工程概算采用《广东省建设工程计价依据 2018》编制，目前处于概算审核阶段。

一、争议事项

设计图纸要求灌注桩的声测管及抽芯管分别采用 50mm×3mm 及 154mm×4mm 钢管施工，检测完毕后采用 C45 细石混凝土（内掺加适量膨胀剂）全深度回灌封闭，发承包双方就旋挖桩工程量是否扣除声测管及钻芯导管所占体积产生争议。

二、双方观点

发包人认为，因声测管及抽芯管单独计算了回灌混凝土量，所以在计算灌注桩工程量时应扣除以上所占的体积。

承包人认为，根据房建定额 A.1.3 桩基础工程工程量计算规则第三条第 6 点"旋挖桩工程量，按桩长乘以设计截面面积以'm³'计算"，不应扣减检测用的声测管及钻芯导管所占体积。

三、我站观点

本工程旋挖灌注桩采用湿作业成孔，概算执行房建定额时，旋挖灌注桩成孔工程量应按桩长乘以设计截面面积以"m³"计算，旋挖灌注桩灌注混凝土工程量应以设计长度及设计预留长度之和为计算长度，乘以设计截面面积并考虑扩散系数后以"m³"计算，以上工程量均不需扣除声测管及钻芯导管所占体积。

关于砖渣回填定额子目套用的争议案例

某生产研发办公商业配套工程，资金来源为自筹资金，发包人采用公开招标方式，确定由某建筑公司与某勘察、设计公司组成的联合体负责承建。2020年8月签订的勘察设计施工总承包合同显示，工程概算采用《广东省建设工程计价依据2018》编制，目前处于概算审核阶段。

一、争议事项

由于地质原因，桩基施工时施工便道及作业面需分别回填砖渣形成1.0m、0.8m厚的加固地基，发承包双方对回填砖渣定额子目套用产生争议。

二、双方观点

发包人认为，应套用市政定额 D1-1-137 "压路机碾压土（石）方填石方"子目，同时增加材料"砖渣"，但由于砖渣无定额消耗量依据，故暂不计取。

承包人认为，应套用房建定额 A1-1-131 "回填石屑"子目，换算主材，原定额消耗量不变。

三、我站观点

回填砖渣定额子目套用，建议借用市政定额 D2-2-34 及 D2-2-35 "人机配合铺装山皮石底层"子目，砖渣消耗量可参考房建定额 A1-4-117 "碎砖垫层干铺"子目进行计算。

关于工期定额适用性的争议案例

某生产研发办公商业配套工程，资金来源为自筹资金，发包人采用公开招标方式，确定由某建筑公司与某勘察、设计公司组成的联合体负责承建。2020 年 8 月签订的勘察设计施工总承包合同显示，工程概算采用《广东省建设工程计价依据 2018》编制，目前处于概算审核阶段。

一、争议事项

本项目工业厂房层数为 7～21 层，部分费用如脚手架使用费计价时需要定额工期数据，在使用工期定额时，发承包双方对超出工期定额层数的楼栋工期计算依据产生争议。

二、双方观点

发包人认为，应依据《广东省建设工程施工工期定额》（2022 版）计算，该定额中的工业厂房定额工期中最高层数为 8 层，故工业厂房建筑层数超过 8 层时按 8 层计算工期。

承包人认为，应依据《广东省建设工程施工标准工期定额 2011》，该定额规定，当建筑层数超出"定额工期"层数时，可按照总说明第五条，采用外插法计算。

三、我站观点

《广东省建设工程施工工期定额》（2022 版）适用于自 2022 年 1 月 1 日起经招标管理机构批准招标或非招标未签订合同的建设工程。由于本工程于 2020 年 6 月公开招标，且合同及补充协议并未约定使用《广东省建设工程施工工期定额》（2022 版）计算工期，因此结合合同缔约时双方的真实意思，本工程的定额工期应使用《广东省建设工程施工标准工期定额 2011》进行计算。

关于暂列金额计取的争议案例

某工业园区配套道路工程，资金来源为财政资金，发包人采用公开招标方式，确定由某建筑公司与某设计公司组成的联合体负责承建。2022 年 3 月签订的设计施工总承包合同显示，工程采用工程量清单计价方式，综合单价依据《广东省建设工程计价依据 2018》编制的施工图预算组价确定，目前处于施工图预算审核阶段。

一、争议事项

施工图预算编制时，以签约合同价的建筑安装工程费暂定价（含预备费）为基础，按合同专用条款第 25.2.4.2(9) 条约定，以分部分项工程费的 10％计列暂列金额；审核时审计部门提出施工图预算的暂列金额不应超过预备金额（批复概算中预备费按建筑安装工程费的 5％计列），现发承包双方就暂列金额计取产生争议。

二、双方观点

发包人认为，暂列金额应执行审计部门审核意见，按建筑安装工程费的 5％计取。

承包人认为，暂列金额应执行施工合同约定的计价方式，按分部分项工程费的 10％以单独项计列。

三、我站观点

经查阅上传资料，本工程编制的施工图预算将预备费列入了建筑安装工程费。根据《建筑安装工程费用项目组成》（建标〔2013〕44 号），建筑安装工程费不含预备费。预备费是在建设期内因各种不可预见因素的变化而预留的可能增加的费用，在设计概算中列入三类费用。暂列金额是发包人暂定并包括在合同价款中的一笔款项，用于施工合同签订时尚未确定或者不可预见的材料、设备、服务的采购，施工中可能发生的工程变更、合同约定调整因素出现时的工程价款调整以及发生的索赔、现场签证确认等的费用，与设计概算中的预备费不是同一类费用，其计算基础、适用范围不完全相同。因此，本工程施工图预算应依据工程总承包合同专用条款第 25.2.4.2(9) 条约定，按分部分项工程费的 10％计列暂列金额。

关于采用"信息价"的计价争议案例

某工业园区配套道路工程，资金来源为财政资金，发包人采用公开招标方式，确定由某建筑公司与某设计公司组成的联合体负责承建。2022 年 3 月签订的设计施工总承包合同显示，工程采用工程量清单计价方式，综合单价依据《广东省建设工程计价依据 2018》编制的施工图预算组价确定，目前处于施工图预算审核阶段。

一、争议事项

本工程总承包合同专用条款第 25.2.4.2(5)条约定，施工图预算编制中的主要材料（设备）价格，按施工图审查合格证日期对应当期工程造价管理部门发布的"信息价"中列明且规格型号一致的，采用"信息价"。现发承包双方就 MPP 管、柔性离心球墨承插铸铁给水管、污水管材料是否采用"信息价"产生争议。

二、双方观点

发包人认为，MPP 管、柔性离心球墨承插铸铁给水管、污水管材料的本市"信息价"对比周边城市或其他行业信息价及市场询价偏离，此部分材料价格不应采用本市"信息价"。

承包人认为，本工程合同专用条款约定了主要材料价格采用"信息价"的条件，故预算编制时凡符合合同约定范围的材料价格应采用本市"信息价"。

三、我站观点

施工图预算编制中的 MPP 管、柔性离心球墨承插铸铁给水管、污水管材料与"信息价"列明的规格型号一致，应依据合同专用条款第 25.2.4.2(7)条约定，采用施工图审查合格证日期对应的当期"信息价"。

关于不可预见费等在工程
总承包合同计取的争议案例

某工业园区配套道路工程，资金来源为财政资金，发包人采用公开招标方式，确定由某建筑公司与某设计公司组成的联合体负责承建。2022 年 3 月签订的设计施工总承包合同显示，工程采用工程量清单计价方式，综合单价依据《广东省建设工程计价依据 2018》编制的施工图预算组价确定，目前处于施工图预算审核阶段。

一、争议事项

本工程总承包合同专用条款第 25.2.4.2(7)条约定，不可预见费、风险包干费及工程保险费按分部分项工程费的 1%计列，因审计提出工程总承包合同约定计取此类费用的依据不足，发承包双方就计取该费用产生争议。

二、双方观点

发包人认为，应执行审计部门审核意见，工程总承包合同中计列不可预见费、风险包干费及工程保险费的依据不足，不予计取。

承包人认为，投标时已响应招标文件和工程总承包合同要求，综合考虑承担风险进行费率报价，应按合同约定计取不可预见费、风险包干费及工程保险费。

三、我站观点

本工程总承包合同专用条款第 25.2.4.2(7)条已约定，不可预见费、风险包干费及工程保险费按分部分项工程费的 1%计取，并明确了此类费用包含的具体内容，属于在合同履约过程中发生相应事件需要承包人承担的费用，故不可预见费、风险包干费及工程保险费用应按合同约定计列。

关于水泥搅拌桩自动监控
系统费用的计价争议案例

某工业园区配套道路工程，资金来源为财政资金，发包人采用公开招标方式，确定由某建筑公司与某设计公司组成的联合体负责承建。2022年3月签订的设计施工总承包合同显示，工程采用工程量清单计价方式，综合单价依据《广东省建设工程计价依据2018》编制的施工图预算组价确定，目前处于施工图预算审核阶段。

一、争议事项

本工程实施过程中，某市住房和城乡建设局发文要求水泥土搅拌桩施工时，施工单位必须配备深层自动监控设备、监控平台、水泥浆自动拌合设备、水泥计量设备等（以下简称"水泥搅拌桩自动监控系统"）进行监测。发承包双方就计算该文件规定配备的水泥搅拌桩自动监控系统的费用产生争议。

二、双方观点

发包人认为，文件发布前，水泥搅拌桩施工桩机上已推行安装监控系统用于数据监测，费用应由施工单位在投标报价中综合考虑，且文件发布前后使用的监控系统监测数据类型基本一致，是质量监控手段的更新升级换代，并非新增监控手段，费用应与旧监测系统费用一样在预算综合单价中综合考虑。

承包人认为，按工程质量监督部门要求，水泥土搅拌桩项目全程配备深层自动监控设备、监控平台、水泥浆自动拌合设备、水泥计量设备等，相关费用应按照文件规定由建设单位负责。

三、我站观点

经核实，文件发布前后使用的监控系统并非完全一致，若本工程水泥搅拌桩施工机具已安装监控系统用于数据监测，但需通过增加传感器部件、升级软件（含检测设备固件、平台软件模块等所有与自动监控设备联动运行所必需的软件）的方式达到文件要求的，即可计算系统升级改造的费用。

关于招商便道费用的计价争议案例

某工业园区配套道路工程，资金来源为财政资金，发包人采用公开招标方式，确定由某建筑公司与某设计公司组成的联合体负责承建。2022年3月签订的设计施工总承包合同显示，工程采用工程量清单计价方式，综合单价依据《广东省建设工程计价依据2018》编制的施工图预算组价确定，目前处于施工图预算审核阶段。

一、争议事项

区政府工作会议纪要显示，为加速推进园区配套道路工程建设，发包人制定了临时过渡方案，在园区配套道路工程旁建设招商便道、供电、供水、污水设施等。承包人完成上述施工内容后，发承包双方就招商便道的计价产生争议。

二、双方观点

发包人认为，招商便道完工后主要发挥施工便道作用，实际并未充分发挥招商作用，故不应另外计取招商便道费用。

承包人认为，招商便道是按照发包人指令完成合同范围以外新增的施工任务，费用不应完全由承包人承担。

三、我站观点

依据上传资料，招商便道为招标范围外增加的工程，但承包人仅提供政府部门的相关会议纪要，未能提供发包人签发的招商便道施工的工程联系单或变更通知等相关资料，导致无法核实事实。若承包人能够证明发包人同意其施工，虽未能提供签证文件证明工程量发生，但可以依据其他证据来确认实际发生的工程量，费用由发包人承担。

关于首层商场入口建筑面积计算的争议案例

某住宅商业配套工程，资金来源为企业自筹，发包人采用邀请招标方式，确定由某建筑公司负责承建。2019 年 6 月签订的施工合同显示，工程采用工程量清单计价方式，合同价格形式为单价合同，综合单价以建筑面积为单位，其中建筑面积依据《建筑工程建筑面积计算规范》GB/T 50353—2005（以下简称"2005 建筑面积计算规范"）计算，目前处于竣工结算阶段。

一、争议事项

本工程首层商场入口位于首层建筑物通道两侧，发承包双方就该位置的建筑面积计算产生争议。

二、双方观点

发包人认为，该位置属于建筑物通道（骑楼、过街楼的底层），不应计算建筑面积。

承包人认为，首层商场入口属于门斗，根据本图纸，需要计算全面积。

三、我站观点

分析双方提交的设计图纸，商场入口处位置属于建筑物底层设置的无围护结构的檐廊，按"2005 建筑面积计算规范"第 3.0.11 条的规定，应计算 1/2 建筑面积。

关于疏散走道两侧入口建筑面积计算的争议案例

某住宅商业配套工程，资金来源为企业自筹，发包人采用邀请招标方式，确定由某建筑公司负责承建。2019 年 6 月签订的施工合同显示，工程采用工程量清单计价方式，合同价格形式为单价合同，综合单价以建筑面积为单位，其中建筑面积依据《建筑工程建筑面积计算规范》GB/T 50353—2005（以下简称"2005 建筑面积计算规范"）计算，目前处于竣工结算阶段。

一、争议事项

本工程二、三层入口位于疏散走道两侧，发承包双方就该位置的建筑面积计算产生争议。

二、双方观点

发包人认为，该位置为半围护结构，因此，不能按全面积计算，只能按其结构底板水平面积的 1/2 计算。

承包人认为，二、三层入口属于门斗，根据本图纸，需要计算全面积。

三、我站观点

分析双方提交的设计图纸，二、三层入口位置的半围护结构的"疏散走道"属于走廊，根据"2005 建筑面积计算规范"第 3.0.11 条规定，按其围护结构外围水平面积计算建筑面积，层高在 2.2m 及以上的应计算全面积，层高不足 2.2m 的应计算 1/2 面积。

关于二层露台外挑部分建筑面积计算的争议案例

某住宅商业配套工程，资金来源为企业自筹，发包人采用邀请招标方式，确定由某建筑公司负责承建。2019 年 6 月签订的施工合同显示，工程采用工程量清单计价方式，合同价格形式为单价合同，综合单价以建筑面积为单位，其中建筑面积依据《建筑工程建筑面积计算规范》GB/T 50353—2005（以下简称"2005 建筑面积计算规范"）计算，目前处于竣工结算阶段。

一、争议事项

本工程二层露台外挑出不规则造型，部分超首层外墙边线 2.1m 以上，发承包双方就露台超首层外墙边线 2.1m 以上位置的建筑面积计算产生争议。

二、双方观点

发包人认为，露台位于首层建筑物通道（骑楼、过街楼的底层）之上，外挑超出首层外墙边线部分不应计算建筑面积。

承包人认为，二层露台造型部分外挑超首层外墙边线 2.1m 以上位置应按雨棚建筑面积计算规则计算。

三、我站观点

分析双方提交的设计图纸，露台外挑超首层外墙边线 2.1m 以上位置属于雨棚，依据"2005 建筑面积计算规范"第 3.0.16 条规定，应按雨棚结构底板水平投影面积的 1/2 计算建筑面积。

关于飘窗窗台变更后建筑
面积计算的争议案例

某住宅商业配套工程，资金来源为企业自筹，发包人采用邀请招标方式，确定由某建筑公司负责承建。2019 年 6 月签订的施工合同显示，工程采用工程量清单计价方式，合同价格形式为单价合同，综合单价以建筑面积为单位，其中建筑面积依据《建筑工程建筑面积计算规范》GB/T 50353—2005（以下简称"2005 建筑面积计算规范"）计算，目前处于竣工结算阶段。

一、争议事项

本工程飘窗的窗台混凝土结构经设计变更后，室内结构楼板直接延伸至外墙位置，与窗在同一立面的外墙结构变为垂直方向连续，变更后窗台为后期在室内单独砌筑。发承包双方就该窗台位置变更后建筑面积计算产生争议。

二、双方观点

发包人认为，图纸明确为飘窗，不应计算建筑面积。

承包人认为，该部位不能定义为飘窗，建筑物高度在 2.20m 及以上的，应计算全面积。

三、我站观点

分析双方提交的设计图纸，争议所指位置经设计变更后，虽然有二次台阶构件，但窗和外墙结构在同一位置，共同组成围护结构，按"2005 建筑面积计算规范"第 3.0.3 条的规定，二层及以上楼层应按其外墙结构外围水平面积计算，层高在 2.20m 及以上者计算全面积，层高不足 2.20m 者计算 1/2 建筑面积。

关于复式首层露台位置建筑
面积计算的争议案例

某住宅商业配套工程，资金来源为企业自筹，发包人采用邀请招标方式，确定由某建筑公司负责承建。2019 年 6 月签订的施工合同显示，工程采用工程量清单计价方式，合同价格形式为单价合同，综合单价以建筑面积为单位，其中建筑面积依据《建筑工程建筑面积计算规范》GB/T 50353—2005（以下简称"2005 建筑面积计算规范"）计算，目前处于竣工结算阶段。

一、争议事项

本工程复式首层图纸注明"露台"的位置对应复式二层位置无结构楼板，但有结构顶板，发承包双方就复式首层图纸注明为"露台"位置的建筑面积计算产生争议。

二、双方观点

发包人认为，复式首层图纸标注的"露台"，按露台计算规则，则不应计算面积。

承包人认为，复式首层标注的"露台"位置、使用性质、维护设施、硬顶结构等与标准层的阳台是一样的，因此应按阳台计算面积。

三、我站观点

分析双方提交的设计图纸，复式首层图纸标注"露台"的位置虽然其上一层为无结构板，但因其屋顶层有结构板，且具备与阳台同样的功能，故建议按"2005 建筑面积计算规范"第 3.0.18 条的规定计算 1/2 建筑面积。

关于首层连廊突出外伸位置
建筑面积计算的争议案例

某住宅商业配套工程，资金来源为企业自筹，发包人采用邀请招标方式，确定由某建筑公司负责承建。2019 年 6 月签订的施工合同显示，工程采用工程量清单计价方式，合同价格形式为单价合同，综合单价以建筑面积为单位，其中建筑面积依据《建筑工程建筑面积计算规范》GB/T 50353—2005（以下简称"2005 建筑面积计算规范"）计算，目前处于竣工结算阶段。

一、争议事项

本工程首层楼栋之间通过环形沿街连廊连在一起，部分位置突出外伸超过 2.1m，发承包双方就该突出外伸位置的建筑面积计算产生争议。

二、双方观点

发包人认为，该位置属于建筑物通道（骑楼、过街楼的底层），不应计算面积。

承包人认为，该部位应按雨棚或走廊的面积计算规则计算面积。

三、我站观点

分析双方提交的设计图纸，争议所指位置为连廊，有柱支撑、无围护结构，应按"2005 建筑面积计算规范"第 3.0.11 条"建筑物外有围护结构的落地橱窗、门斗、挑廊、走廊、檐廊……有永久性顶盖无围护结构的应按其结构底板水平面积的 1/2 计算"执行。

关于确定变更后钢结构综合单价的计价争议案例

某地上桥体钢结构工程，资金来源为政府投资，发包人采用公开招标方式，确定由某建筑公司负责承建。2020年4月签订的施工合同显示，工程采用工程量清单计价方式，合同价格形式为单价合同，目前处于竣工结算阶段。

一、争议事项

本工程施工过程中，发包人下发大跨度造型桥体结构设计变更，对招标挂网图 A、H、J 地块大跨度造型桥体结构体系、结构形式及钢材材质进行调整，因变更影响较大，发承包双方对确定变更后的钢结构综合单价产生争议。

二、双方观点

发包人认为，变更后仍为钢结构箱梁，不存在新增清单子目，按原合同工程量清单单价结算。

承包人认为，桥体主体结构发生变更，变更后结构加工工艺和措施等均发生重大变化，故原合同工程量清单不再适用，需根据变更后实际情况重新调整清单单价。

三、我站观点

根据提供的资料显示，变更后的钢结构相较招标图纸的钢结构，从钢材材质、钢结构成品制作、焊缝长度及探伤检测、安装工艺等都有较大变化，原投标清单单价已不适用于变更后的钢结构。发承包双方应根据合同补充条款中的新增综合单价、工程变更价格的确定办法，确定变更后钢结构的综合单价。

关于单项包干措施费的计价争议案例

某地上桥体钢结构工程，资金来源为政府投资，发包人采用公开招标方式，确定由某建筑公司负责承建。2020 年 4 月签订的施工合同显示，工程采用工程量清单计价方式，合同价格形式为单价合同，目前处于竣工结算阶段。

一、争议事项

本工程合同约定脚手架工程量、围挡工程量按实调整，其余措施费单项包干。因设计变更造成钢结构施工措施方案有较大变化，发承包双方对单项包干措施费计价产生争议。

二、双方观点

发包人认为，所有变更措施费应遵循合同约定的原则，单项包干措施费不予调整。

承包人认为，钢结构设计变更导致施工方案发生变更，原合同措施费包干条款不再适用，应按实际方案重新调整措施费。

三、我站观点

投标人的投标报价是基于招标图纸方案进行的报价。合同约定，措施项目费不得调整的前提是设计图纸、标准规范等实质性内容未发生变化。本工程由于发包人的变更造成实际施工措施方案发生重大调整，致使原合同约定的措施项目费包干的基础条件已发生重大变化。因此，发承包双方应根据经批复实施的措施方案，按合同约定的计价方法相应调整变更部分的措施项目费。

关于幕墙玻璃及铝材价的
材料调差计价争议案例

某地上桥体钢结构工程，资金来源为政府投资，发包人采用公开招标方式，确定由某建筑公司负责承建。2020年4月签订的施工合同显示，工程采用工程量清单计价方式，合同价格形式为单价合同，目前处于竣工结算阶段。

一、争议事项

合同约定可调整工程造价的建筑材料范围为结构用钢材、混凝土。施工过程中，受新冠疫情和市场波动的影响，幕墙玻璃及铝材价格发生大幅上涨，发承包双方对幕墙玻璃及铝材调整价差产生争议。

二、双方观点

发包人认为，合同已明确材料调差范围，应按合同条款执行，幕墙材料不在调差范围内，故不予调差。

承包人认为，幕墙材料的涨价幅度已严重超出正常的市场风险范围，超过施工单位的风险承受能力，符合粤建市函〔2018〕2058号文中关于材料调差的规定，应对幕墙材料按市场价进行调差。

三、我站观点

合同约定可调整工程造价的建筑材料范围不包括幕墙玻璃及铝材，按照本工程合同价格形式及条款，幕墙玻璃及铝材价差应不予调整。但在2021—2022年施工期间，受多种因素影响，建筑材料价格波动异常，材料价格出现不同程度的上涨，如铝材、玻璃等材料价格波动导致损失过大的，受损一方可以索赔方式提出诉求。

关于雕塑超概的计价争议案例

某特色精品村建设项目，资金来源为村集体资金，发包人采用公开招标的方式，确定由某建筑公司负责承建。2021年7月签订的工程总承包工程合同显示，工程采用工程量清单计价方式，综合单价依据《广东省建设工程计价依据2018》编制的施工图预算组价确定，目前处于预算审核阶段。

一、争议事项

本工程交通岛景观提升中有一座大型雕塑，采用30mm厚的钢板进行加工制作，经计算实际用钢量为32.02t，该雕塑在概算时定价为66000元/座，预算审核中发承包双方对雕塑计价产生争议。

二、双方观点

发包人认为，雕塑施工图纸和概算图纸一致，按照财政部门的惯例预算价格不能突破经财政部门审定的概算中每一个清单的综合单价，因此该雕塑最终预算价应按概算价审定时的综合单价66000元/座计取。

承包人认为，本工程招标时没有对外公开概算中的各清单综合单价，签订合同时也未告知。合同仅约定了预算总价不能突破经财政部门审定概算中的建安工程费，并未对清单综合单价进行约束，因此应以合同为依据，按市场价确定雕塑及其他部分主材的价格。

三、我站观点

经查阅所提供的资料，本工程招标时未公布概算组成的清单综合单价，合同中也无相关约定，且在该雕塑设计图纸未发生变化的情况下概算确定的综合单价远低于雕塑使用的钢板成本费用。因此，本工程雕塑价格在施工图预算编制时应采用市场询价确定。

关于变更钢筋连接方式的计价争议案例

某检修用房项目，资金来源为企业自筹，发包人采用公开招标方式，确定由某建筑公司负责承建。2017年11月签订的施工合同显示，工程采用工程量清单计价方式，合同价格形式为单价合同，目前处于竣工结算阶段。

一、争议事项

本工程施工期间，直径 $\phi18\sim\phi22$ 钢筋连接方式由焊接变更为机械连接，发承包双方对变更钢筋连接方式是否按新增项目计价产生争议。

二、双方观点

发包人认为，钢筋制安清单项目特征描述为钢筋制安需要综合考虑各种连接方式、搭接方式（含直螺纹、电焊），故不论采用何种连接方式的钢筋连接费用已综合考虑在钢筋制作安装综合单价中，因此钢筋连接方式由焊接变更为机械连接均执行同一规格的钢筋制作安装综合单价，无须再另外计算变更连接方式增加的费用。

承包人认为，钢筋制作安装报价基于招标图纸进行，实际施工中变更连接方式，应另行计算钢筋的机械连接费用。

三、我站观点

由于钢筋制作安装清单项目特征描述要求将各种连接方式费用考虑在综合单价中，所以投标人需依据招标图纸确定各种连接方式的比例和相应费用并进行综合报价。故若施工中因变更钢筋连接方式导致中标单价原考虑因素发生较大变化的，该变化引起的费用增减应予计算调整。

关于计取材料利润的争议案例

某检修用房项目，资金来源为企业自筹，发包人采用公开招标方式，确定由某建筑公司负责承建。2017 年 11 月签订的施工合同显示，工程采用工程量清单计价方式，合同价格形式为单价合同，目前处于竣工结算阶段。

一、争议事项

不锈钢栏杆为设计变更新增项目，在报审主材价格时承包人提供了采购合同，发承包双方对该新增项目的主材定价是否计取材料利润发生争议。

二、双方观点

发包人认为，新增主材价格应按采购合同价取定，不另计取材料利润。

承包人认为，应参考《××市建设工程总承包合同》按 5％利润率计算合理利润，或者双方咨询常用材料采购价对比官方公布的材料信息价格，取差额比例计取材料利润。

三、我站观点

依据现行工程费用中相关人材机要素组成相关规定，材料价格的组成中不计取材料利润。

关于甲定乙供材料调差的争议案例

某检修用房项目，资金来源为企业自筹，发包人采用公开招标方式，确定由某建筑公司负责承建。2017 年 11 月签订的施工合同显示，工程采用工程量清单计价方式，合同价格形式为单价合同，目前处于竣工结算阶段。

一、争议事项

合同约定防水材料甲定乙供，但招标时未明确防水材料价格，承包人投标时防水卷材材料暂按 29 元/m² 计入清单综合单价，与工程实施中发包人防水卷材材料采购定价 29.7 元/m² 相近。发承包双方就此防水材料是否调整价差发生争议。

二、双方观点

发包人认为，两种价格相差不大，不用调整。
承包人认为，甲定乙供材料应按采购定价据实调整，故应计算价差。

三、我站观点

发包人未在招标时提供或明确防水材料甲定价格，而在定标后的施工期间确定其价格，由此引起的材料价差应由发包人承担。

关于施工缝和后浇带处防水
附加层的计价争议案例

某检修用房项目，资金来源为企业自筹，发包人采用公开招标方式，确定由某建筑公司负责承建。2017年11月签订的施工合同显示，工程采用工程量清单计价方式，合同价格形式为单价合同，目前处于竣工结算阶段。

一、争议事项

本工程卷材防水清单项目特征描述均为综合考虑所有转角位、施工缝和后浇带处防水附加层、增加层，发承包双方对能否额外计算施工缝和后浇带处防水附加层、增加层发生争议。

二、双方观点

发包人认为，防水附加层、增加层已综合考虑在综合单价中，不另计。
承包人认为，应该单独计算。

三、我站观点

根据卷材防水清单项目特征描述，施工缝和后浇带处防水附加层、增加层已含在卷材防水清单综合单价内，不另计。

关于清单开项的计价争议案例

某检修用房项目，资金来源为企业自筹，发包人采用公开招标方式，确定由某建筑公司负责承建。2017年11月签订的施工合同显示，工程采用工程量清单计价方式，合同价格形式为单价合同，竣工结算时发生计价争议。

一、争议事项

本工程接地斜井清单项目特征描述为"规格：镀锌圆钢 $\phi22$，$h=8m$，$L=200m$，孔径150mm，内充降阻剂"，同时又单独开列了降阻剂清单项，发承包双方对计取接地斜井清单费用后是否需要另外按降阻剂清单综合单价计取降阻剂费用发生争议。

二、双方观点

发包人认为，接地斜井清单项目特征描述中包含了降阻剂填充，不论承包人组价是否计取降阻剂费用，降阻剂费用应包含在其综合单价内，故不能再单独计算接地斜井的降阻剂费用。

承包人认为，因填充降阻剂有单独开项，故在接地斜井清单报价组价时未将降阻剂列入其中，而是在降阻剂清单项中进行了单独报价，故应分别计算接地斜井及其降阻剂费用。

三、我站观点

合同清单中接地斜井清单项目特征描述已包含降阻剂，接地斜井内的降阻剂费用应考虑在接地斜井综合单价内，单独开列的降阻剂清单表明其综合单价适用于其他部位的降阻剂或者变更后增减的降阻剂计价。

关于高支模方案变化的计价争议案例

某检修用房项目，资金来源为企业自筹，发包人采用公开招标方式，确定由某建筑公司负责承建。2017年11月签订的施工合同显示，工程采用工程量清单计价方式，合同价格形式为单价合同，竣工结算时发生计价争议。

一、争议事项

本工程招标图纸中结构顶标高为27.47m，施工图中结构顶标高变更为28.27m，梁截面加宽加高，高支模施工方案重新编审，对比投标时高支模方案，钢管间距加密。发承包双方对结构变更引起的高支模方案变化后计价方式发生争议。

二、双方观点

发包人认为，结构顶标高变化不大，且招标清单说明也明确了支模高度发生调整时相应调价的原则，故应按合同约定的方式计价。

承包人认为，因结构梁截面变化较大，导致重新编审高支模安全专项施工方案，专家论证评审过的施工方案用材增加、施工难度加大，增加费用超出合同约定根据标高变化调整原则计算出的费用，故应按实施方案计算增加的高支模支撑费用。

三、我站观点

本项目结构发生变更，导致高支模发生变化，应按本工程招标清单说明约定的调价原则计算所增加的费用。

关于新增塔吊费用的计价争议案例

某厂房工程，资金来源为企业自筹，发包人采用邀请招标方式，确定由某建筑公司负责承建。2018年8月签订的施工合同显示，工程采用工程量清单计价方式，合同价格形式为单价合同，竣工结算时发生计价争议。

一、争议事项

本工程投标施工方案平面布置3台塔吊，施工时因地质情况异常，基坑支护工程设计方案发生变更，由双排施工PHC管桩（三轴搅拌桩）变更为双排双管旋喷桩，基坑上口外边线距坑底宽度比原设计放坡宽度增加8.9m；设计变更导致投标平面布置时设置在西侧的材料堆放场和钢筋加工场需转移至北侧，原3台塔吊无法覆盖迁移后的材料堆放场和钢筋加工场，需新增加1台塔吊。发承包双方就新增塔吊的费用计算产生争议。

二、双方观点

发包人认为，合同约定措施费包干，应按合同约定不予增加新增塔吊费用。

承包人认为，设计变更导致施工方案变化，属于合同第10.1条约定可调整费用的变更范围，新增塔吊租赁费及相关费用应予按实补偿。

三、我站观点

本工程合同专用条款约定措施项目费用包干，但因设计变更致使施工环境和场地发生实质性变化，导致原合同约定的措施项目费包干的基础条件发生了改变，因此新增加1台塔吊的费用依据合同变更条款约定应予计算。

关于垂直运输费用的计价争议案例

某厂房工程，资金来源为企业自筹，发包人采用邀请招标方式，确定由某建筑公司负责承建。2018 年 8 月签订的施工合同显示，工程采用工程量清单计价方式，合同价格形式为单价合同，竣工结算时发生计价争议。

一、争议事项

本工程建筑物檐高 23.9m，投标时依据招标文件计价原则和规定，投标时垂直运输费用清单组价中的定额机械为卷扬机，与投标方案及现场使用塔吊的费用差异较大，结算时发承包双方对垂直运输费用调整价款产生争议。

二、双方观点

发包人认为，合同约定措施费包干，应按合同约定不予调整费用。

承包人认为，定额机械与实际使用机械出入较大，实际支出费用较高，要求对投标清单组价中 3 台塔吊费用按市场价予以补偿。

三、我站观点

垂直运输机械是承包人按照投标方案确定的，现场环境、条件、要求等因素在施工前后并未发生实质性变化，承包人应承担自身原因造成的费用差异，同时根据合同专用条款第 1.13 条工程量清单错误的修正约定"同时所报工程量清单的综合单价和综合包干项目的综合合价（措施项目费、其他约定包干的费用等），在工程结算时将不得变更（合同另有约定的除外）"等，本工程垂直运输费用应按已标价工程量清单综合单价执行，原投标清单 3 台塔吊费用不作调整。

关于塔吊拆除方案变更的计价争议案例

某厂房工程，资金来源为企业自筹，发包人采用邀请招标方式，确定由某建筑公司负责承建。2018年8月签订的施工合同显示，工程采用工程量清单计价方式，合同价格形式为单价合同，竣工结算时发生计价争议。

一、争议事项

投标时平面布置的3台塔吊拆除方案均为使用25t汽车吊，因基坑支护设计方案新增1台塔吊，实际实施的"塔吊拆除施工方案"为采用QAY650汽车吊进行拆除作业。发承包双方对塔吊拆除方案变更费用计取产生争议。

二、双方观点

发包人认为，合同约定措施费包干，应按合同约定不调整费用。

承包人认为，原投标清单3台塔吊及新增1台塔吊拆除费用均应按市场价予以补偿。

三、我站观点

投标时的3台塔吊安拆费用应按已标价工程量清单综合单价执行，不作调整；但因变更导致新增1台塔吊可按实施时"塔吊拆除施工方案"计算拆除费。

关于施工便道的计价争议案例

某厂房工程，资金来源为企业自筹，发包人采用邀请招标方式，确定由某建筑公司负责承建。2018 年 8 月签订的施工合同显示，工程采用工程量清单计价方式，合同价格形式为单价合同，竣工结算时发生计价争议。

一、争议事项

本工程钢梁吊装作业时正值雨季，频繁强降雨导致施工现场地基承载力无法满足吊装施工机械行走的要求，参建各方共同研究确认需增建施工便道（垫砖渣、石块、钢板）继续施工，确保施工进度。现发承包双方对修建施工便道费用计价产生争议。

二、双方观点

发包人认为，施工便道属于措施项目，合同约定措施费包干，故按合同约定不予调整施工便道修建费用。

承包人认为，因异常天气原因损坏施工便道导致需要新修的施工便道，其费用应予以计算增加。

三、我站观点

来函工程联系单、工程签证单等资料显示，施工现场因频繁强降雨等异常恶劣气候影响需要增加修建施工便道（垫砖渣、石块、钢板），且发包人、监理人确认为工程变更，符合本工程合同通用条款第 7.7 条"承包人应采取克服异常恶劣的气候条件的合理措施继续施工，并及时通知发包人和监理人。监理人经发包人同意后应当及时发出指示，指示构成变更的，按第 10 条［变更］约定办理。承包人因采取合理措施而增加的费用和（或）延误的工期由发包人承担"。因此，修建的施工便道可依据经发承包双方确认的工程联系单、工程签证单等计列费用。

关于二次结构植筋的计价争议案例

某厂房工程，资金来源为企业自筹，发包人采用邀请招标方式，确定由某建筑公司负责承建。2018 年 8 月签订的施工合同显示，工程采用工程量清单计价方式，合同价格形式为单价合同，竣工结算时发生计价争议。

一、争议事项

本工程施工图设计文件会审记录明确二次结构钢筋与主体结构的连接变更为植筋方式，现发承包双方对二次结构计取植筋费用产生争议。

二、双方观点

发包人认为，现浇构件钢筋清单项目特征描述中要求综合考虑除机械连接外的搭接方式，所以二次结构钢筋与主体结构的连接费用应综合考虑在相应现浇构件钢筋综合单价内，故植筋费用应由施工方承担。

承包人认为，已标价清单项目均无植筋报价描述要求，且植筋是在参建四方图纸会审中综合考虑项目层高高、混凝土强度等级高等因素发生的设计变更，故应按变更予以计算植筋相关费用。

三、我站观点

查询双方提交的资料信息，本工程二次结构钢筋与主体结构的连接方式属于设计变更内容，应依据合同变更条款约定计算，费用由发包人承担。

关于高压旋喷桩引孔费用的计价争议案例

某厂房工程，资金来源为企业自筹，发包人采用邀请招标方式，确定由某建筑公司负责承建。2018年8月签订的施工合同显示，工程采用工程量清单计价方式，合同价格形式为单价合同，竣工结算时发生计价争议。

一、争议事项

因地质条件原因（孤石较多），设计院将基坑支护由三轴搅拌桩变更为高压旋喷桩，依据设计图纸，旋喷桩施工前需进行引孔，发承包双方对高压旋喷桩引孔费用产生争议。

二、双方观点

发包人认为，基坑支护由三轴搅拌桩变更为高压旋喷桩，施工方为方便操作增加引孔，费用应由施工方承担。

承包人认为，根据施工方案结合业主要求，实际引孔数量由监理、业主进行了签证确认，故应予以计取旋喷桩引孔施工的相关费用。

三、我站观点

本工程地质条件原因引起的设计变更，对高压旋喷桩施工增加引孔，并以工程签证单方式确认了该事项，发承包双方可按经审批后的施工方案和合同变更条款约定计算其费用。

关于深化设计费用的计价争议案例

某厂房工程，资金来源为企业自筹，发包人采用邀请招标方式，确定由某建筑公司负责承建。2018年8月签订的施工合同显示，工程采用工程量清单计价方式，合同价格形式为单价合同，竣工结算时发生计价争议。

一、争议事项

本工程结构施工图纸载明，发包人提供的钢结构施工图需由具有钢结构专项设计资质的单位完成深化设计，承包人在中标后委托专业公司进行深化设计，并通过设计院技术审查和发包人批准同意，现发承包双方就钢结构工程图纸深化设计费用是否由发包人承担产生争议。

二、双方观点

发包人认为，因为招标图纸明确要求钢结构必须进行深化设计，所以钢结构工程图纸深化设计费用应由施工方综合考虑在报价内，故该费用不予另行计取。

承包人认为，按合同约定，工程设计由发包人负责，本工程钢结构深化设计费用应由发包人承担，故该费用应予以单独计取。

三、我站观点

合同专用条款第1.6.1条约定，发包人应向承包人提供承包范围内的施工图、深基坑支护设计图、地质勘查报告，钢结构深化设计后才能施工的图纸亦属发包人提供的内容。因此，钢结构施工图纸深化设计费用应由发包人承担。

关于更改吊车增加费用的计价争议案例

某厂房工程，资金来源为企业自筹，发包人采用邀请招标方式，确定由某建筑公司负责承建。2018 年 8 月签订的施工合同显示，工程采用工程量清单计价方式，合同价格形式为单价合同，竣工结算时发生计价争议。

一、争议事项

开工前经批准的施工组织设计中钢结构施工吊装采用 150t 吊车支设在地下室顶板上，实施前设计、监理、发包人发现地下室顶板承受施工荷载有很大风险，重新调整审批的施工方案采用 QAY650（租赁）吊车进行远距离吊装作业，发承包双方对更改吊车而产生增加的费用是否计取产生争议。

二、双方观点

发包人认为，合同价已含吊装费用，故更改吊车的费用应由施工方承担。

承包人认为，因地下室结构顶板承载力不足，导致施工方案调整，属于工程变更，应按实计算增加的机械租赁费用。

三、我站观点

经查阅上传资料，承包人制定的原施工方案是采用 150t 吊车支设在地下室顶板上，不符合相关规定，作为有经验的承包人应承担责任，故租赁 QAY650 汽车吊属于承包人因自身原因导致实施方案变化引起的费用增加，不予另计。

关于机械大开挖按挖一般土方
还是挖基础土方综合单价结算的争议案例

某学校工程，资金来源为财政资金，发包人采用公开招标方式，确定由某建筑公司负责承建。2018年11月签订的施工合同显示，合同价格形式为单价合同，工程采用工程量清单计价方式，竣工结算时发生计价争议。

一、争议事项

本工程未设地下室，其中1号教工住宅楼为满堂基础，招标清单中土方开挖只开列了"挖一般土方"，其他楼栋均为独立基础（桩基础混凝土承台），招标清单中土方开挖只开列了"挖基础土方"；但承包人的投标技术文件及实际施工均采用机械大开挖方式，并按"挖一般土方""挖基础土方"予以不同报价。结算时发承包双方就独立基础土方开挖执行"挖一般土方"还是"挖基础土方"综合单价计算产生争议。

二、双方观点

发包人认为，招标图的独立基础（桩基础混凝土承台）在施工中未发生变化，且承包人的投标施工方案与实际施工方案也一致，故独立基础楼栋的土方开挖应按"挖基础土方"清单项目工程量计算规则计算挖桩承台基坑基槽工程量并执行其合同单价。

承包人认为，经批准的施工方案与现场实际均为大开挖方式，独立基础楼栋的土方开挖也应按"挖一般土方"清单项目工程量计算规则计算工程量并执行其合同单价。

三、我站观点

来函资料显示，招标清单"挖基础土方"是依据《房屋建筑与装饰工程工程量计算规范》GB 50854—2013及《关于实施〈房屋建筑与装饰工程工程量计算规范〉等的若干意见》（粤建造发〔2013〕4号）的计算规则确定其清单工程量的，且承包人的投标施工方案与实际施工方案的开挖方式一致，表明承包人报价已经考虑了土方大开挖工程量与按招标清单挖基础土方计算规则计算的工程量差引起的价格差异。因此，独立基础（桩基础混凝土承台）土方开挖清单工程量应执行挖基础土方清单项目工程量计算规则，并按该投标综合单价结算。

关于抗震钢筋与非抗震钢筋
工程量计算的争议案例

某学校工程，资金来源为财政资金，发包人采用公开招标方式，确定由某建筑公司负责承建。2018 年 11 月签订的施工合同显示，合同价格形式为单价合同，工程采用工程量清单计价方式，竣工结算时发生计价争议。

一、争议事项

本工程招标工程量清单按照招标图中设计说明分别开列了抗震钢筋与非抗震钢筋两个清单项目，但没有按图计算直径 10～25cm 三级螺纹钢抗震钢筋及非抗震钢筋工程量，施工中承包人根据市场情况全部按抗震钢筋采购，送审结算均采用抗震钢筋清单综合单价，结算时发承包双方就抗震钢筋与非抗震钢筋的工程量计算产生争议。

二、双方观点

发包人认为，虽然现在市场上主流厂家的三级螺纹钢都是抗震钢筋，但承包人全部采购抗震钢筋属于自身行为，结算应按招标工程量清单工程量的比例分别计算抗震钢筋与非抗震钢筋工程量。

承包人认为，应按照施工图设计说明中纵向受力钢筋采用 HRB400E 钢筋计算，即柱纵筋和梁上中下部钢筋、楼梯受力钢筋、板受力钢筋等纵向受力钢筋全部按抗震钢筋计算，不同意按招标清单项工程量比例进行结算。

三、我站观点

发承包双方应按设计图纸计算抗震螺纹钢和非抗震螺纹钢的工程量，但承包人若未经发包人同意，采用标准高于设计图纸要求的钢筋进行施工而增加的费用不予计算。

关于招标缺漏的措施
项目能否结算计取的争议案例

某学校工程，资金来源为财政资金，发包人采用公开招标方式，确定由某建筑公司负责承建。2018年11月签订的施工合同显示，合同价格形式为单价合同，采用工程量清单计价方式，竣工结算时发生计价争议。

一、争议事项

工程实施中采用高支模措施，还发生施打塔吊基础桩、物料提升机进退场，结算时发现上述措施在招标时并未开列，属于工程量清单缺漏项情形，发承包双方就招标清单中缺漏项的高支模、塔吊基础桩、物料提升机进退场费等措施费计算产生争议。

二、双方观点

发包人认为，合同专用条款第12.1条约定："图纸范围内工程量的偏差或因工程材料的型号、品牌的更换或材料价格的调整而导致合同价款的调整，措施项目费（包括技术措施费与其他措施费）不进行调整；图纸范围以外增减工程量，措施项目费可以根据相关计价规范进行调整。"故图纸范围内的措施项目费缺漏项是投标人应在投标时考虑的风险，结算时不予调整计算。

承包人认为，合同清单中措施费缺漏项部分，应按合同通用条款第1.13条约定，工程量清单存在缺漏项应予以修正并调整合同价格。

三、我站观点

本工程合同为单价合同，工程量按实结算，来函资料显示，合同专用条款第12.1条仅对工程量的偏差或因材料变更与材价调整而导致合同价款调整时不对相应措施费用调整进行约定，并未对发生工程量清单缺漏项事件如何调整价格进行约定，故发承包双方应根据合同通用条款第1.13条工程量清单错误的修正条款约定，对招标工程量清单存在缺项、漏项的高支模、塔吊基础桩、物料提升机进退场费等措施费进行修正，并相应调整合同价格。

关于外购土方综合单价能否
计取挖装卸费用的争议案例

某工业园区配套道路工程，资金来源为财政资金，发包人采用公开招标方式，确定由某建筑公司与设计公司组成的联合体负责承建。2022年3月签订的设计施工总承包合同显示，工程采用工程量清单计价方式，综合单价依据《广东省建设工程计价依据2018》编制的施工图预算组价确定，施工图预算审核时发生计价争议。

一、争议事项

合同约定，如需要外购土的，仅计算外购土方10km运距费用。施工图预算审核时发承包双方就外购土方综合单价组价是否计取挖装卸费用产生争议。

二、双方观点

发包人认为，外购土方综合单价应按合同约定，仅计算10km运距费用，不应计算挖装卸费用。

承包人认为，挖装卸是运土必要的工序，合同约定了土方运距，但没有明确外购土施工费用不计算，因此采用场外取土回填应计取相关费用。

三、我站观点

如果外购土方作为成品外购运回施工现场回填的，依据材料价格组成规则，土方的取土、装卸费用含在土方购买价格中并按合同约定计算运费。如果承包人自行取土并运回施工现场回填的，除按合同约定计算运费外，取土发生的挖、装、卸可以根据《广东省市政工程综合定额2018》确定相应定额子目计价。

关于预算编制期间发生工程
变更是否计入预算的争议案例

某工业园区配套道路工程，资金来源为财政资金，发包人采用公开招标方式，确定由某建筑公司与设计公司组成的联合体负责承建。2022年3月签订的设计施工总承包合同显示，工程采用工程量清单计价方式，综合单价依据《广东省建设工程计价依据2018》编制的施工图预算组价确定，施工图预算审核时发生计价争议。

一、争议事项

施工过程中因优化设计，填方区域在清表后回填材料由粉细砂变更为土方，施工图预算审核时正在办理变更手续，发承包双方就是否按变更后结果编制预算产生争议。

二、双方观点

发包人认为，变更内容已实施，应按变更编制施工图预算。

承包人认为，预算编制应按合同相关约定，以经图审且经发包人批准的施工图纸编制。

三、我站观点

本工程合同对施工图预算编制的依据、方法已有明确约定，即按通过图审且经发包人批准的施工图纸计算。编制预算期间发生的工程变更应按合同关于变更调整价款的约定在竣工结算时计算。

关于钢板桩打拔划归措施项目后能否按定额规定计取其他费用的争议案例

某工业园区配套道路工程，资金来源为财政资金，发包人采用公开招标方式，确定由某建筑公司与某设计公司组成的联合体负责承建。2022 年 3 月签订的设计施工总承包合同显示，工程采用工程量清单计价方式，综合单价依据《广东省建设工程计价依据 2018》编制的施工图预算组价确定，施工图预算审核时发生计价争议。

一、争议事项

合同专用条款第 25.2.4.2(6)1)㉕款约定，本工程发生的钢板桩打拔费用属于措施项目范围，与现行划归的分部分项工程费范围不一致，导致钢板桩打拔费用不能参与按定额规定以分部分项工程费为基础计算的相关费用，如绿色施工安全防护费用，预算编制时发承包双方就钢板桩打拔费用列入措施项目费还是分部分项工程费产生争议。

二、双方观点

发包人认为，钢板桩打拔费用按照合同约定考虑在措施项目费中，则不能参与按定额规定以分部分项工程费为基础计算的相关费用。

承包人认为，依据《广东省市政工程综合定额 2018》和粤标定函〔2020〕29 号文第 15 条解答，钢板桩打拔费用应列入分部分项工程费中，并参与按定额规定以分部分项工程费为基础计算的相关费用。

三、我站观点

本项目合同专用条款约定，钢板桩打拔费用列在措施项目费中，同时也明确了钢板桩作为支护结构时，承包人需上报专项施工方案并经专家论证后方可进行施工，与《广东省住房和城乡建设厅关于印发房屋市政工程危险性较大的分部分项工程安全管理实施细则的通知》（粤建规范〔2019〕2 号）第十四条有关超过一定规模的危大工程要求一致，足以说明钢板桩施工过程安全技术措施的重要性，《广东省市政工程综合定额2018》为此规定将钢板桩打拔费用列入分部分项工程费，参与按定额规定以分部分项工程费为基础计算的相关费用如绿色施工安全防护措施费用，并测算了相应费率，目的就是保证安全施工所需费用。如钢板桩打拔费用不参与按定额规定以分部分项工程费为基础计算的相关费用，将减少安全施工所需费用，因此，本工程采用定额为依据编制预算时，钢板桩打拔费用在按合同约定列入措施项目费时，在不调整定额规定的相关费率的前提下，也应按专家论证的专项施工方案或综合定额规定计列相应的绿色施工安全防护措施费用，以保证安全施工所需费用。

关于软基处理的水泥搅拌桩是否按空桩计量计价的争议案例

某工业园区配套道路工程，资金来源为财政资金，发包人采用公开招标方式，确定由某建筑公司与某设计公司组成的联合体负责承建。2022 年 3 月签订的设计施工总承包合同显示，工程采用工程量清单计价方式，综合单价依据《广东省建设工程计价依据 2018》编制的施工图预算组价确定，施工图预算审核时发生计价争议。

一、争议事项

本工程部分给排水管线位于路床软基处理的水泥搅拌桩群范围内，设计要求雨污排水管下布置一排桩，施工图预算审核时发承包双方就给排水管线沟槽底至场平标高的水泥搅拌桩按实桩还是空桩计量计价产生争议。

二、双方观点

发包人认为，参考《××市政府投资建设工程造价编审工作指引》规定，路基、沟槽、基坑软基处理后，位于需要开挖部分已处理软基中的搅拌桩一般情况下按空桩进行计量计价。

承包人认为，因本项目地质条件极其复杂，给排水管线沟槽底至场平标高的水泥搅拌桩设计为实桩，故该搅拌桩在编制施工图预算时按照合同约定应按实桩计量计价。

三、我站观点

招标文件及工程总承包合同并未明确《××市政府投资建设工程造价编审工作指引》作为施工图预算的编制依据，且合同专用条款第 25.2.4(3) 款约定"桩基工程工程量（工程桩和软基处理桩）按经施工图审查通过且经发包人批准的施工图纸计算"，若管线沟槽底至场平标高的水泥搅拌桩施工方案已经发包人及相关部门审核通过的，则编制预算时该部分水泥搅拌桩按实桩计量计价。

关于当期信息价是当月发布价
还是当月采集价的争议案例

某工业园区配套道路工程，资金来源为财政资金，发包人采用公开招标方式，确定由某建筑公司与某设计公司组成的联合体负责承建。2022 年 3 月签订的设计施工总承包合同显示，工程采用工程量清单计价方式，综合单价依据《广东省建设工程计价依据 2018》编制的施工图预算组价确定，施工图预算审核时发生计价争议。

一、争议事项

合同约定，编制施工图预算的人工费、施工机具费、主要材料（设备）费价格采用施工图审查合格证日期对应当期的《××市工程造价信息》。由于该市工程造价信息按月发布，并明确当月发布价的采集期为上个月，即图审日期当月发布的《××市工程造价信息》中的价格信息是上个月的价格，而图审日期当月价格需要延后至下个月才能发布。发承包双方就预算编制采用图审日期当月发布的价格信息还是图审日期当月采集（下个月发布）的价格信息产生争议。

二、双方观点

发包人认为，因本项目 2022 年 7～9 月分批完成施工图审查并分别签发了合格证，按合同约定理解，预算编审应采用图审日期当月采集（下个月发布）的价格信息，即 2022 年 8 月、9 月和 10 月发布的《××市工程造价信息》。

承包人认为，由于《××市工程造价信息》当期发布的价格信息并非当月价格信息，因此预算编制应采用图审日期当月发布的价格信息，即 2022 年 7、8、9 月发布的《××市工程造价信息》。

三、我站观点

查阅招标文件、工程总承包合同等资料，结合造价成果采用定额规则编制时按当时所能掌握的信息和资料进行编制的通俗做法，本合同约定的施工图审查合格证日期对应当期信息价是指日期当月发布的《××市工程造价信息》价格。

关于未经发包人同意的砌体植筋费用如何计取的争议案例

某厂区生产基地工程，资金来源为自筹资金，发包人采用邀请招标方式，确定由某建筑公司负责承建。2019年1月签订的施工总承包合同显示，工程采用工程量清单计价方式，综合单价依据《广东省建设工程计价依据2010》编制的施工图预算组价确定，竣工结算时发生计价争议。

一、争议事项

图纸上未明确填充墙与主体结构的拉结筋施工方式，承包人因部分楼栋发包人未及时提供建筑图纸，施工现场全部采用植筋方式施工，发承包双方对砌体拉结筋植筋费用的计取产生争议。

二、双方观点

发包人认为，图纸上虽未明确填充墙与主体结构的拉结筋施工方式，但根据施工规范常规做法为预留方式，而对于建筑图比结构图晚到达而导致无法预埋的情况，承包人应先联系现场甲方及监理做好记录和确认，而不是为方便施工全部采用了植筋方式施工，故该费用应由承包人承担。

承包人认为，图纸上未明确指出砌体拉结筋必须采用预埋方式施工，合同内也未明确砌体拉结筋采用植筋方式施工不计算费用，结合部分单体建筑图滞后于结构图会影响正常施工的情况，现场实际做法全部采用植筋方式，故应计算砌体拉结筋植筋工程量和相应费用。

三、我站观点

发包人未能及时提供建筑图纸，作为有经验的承包人本可以向发包人索赔其违约责任来维护自身利益，但承包人在未与发包人协商一致的情况下，自行施工且导致后续需采用植筋方式连接，如未能经发包人确认为工程变更的，则由此增加的费用应由承包人负责。

关于竣工验收后新增工作内容能否执行原合同单价的争议案例

某厂区生产基地工程，资金来源为企业资金，发包人采用邀请招标方式，确定由某建筑公司负责承建。2019年1月签订的施工总承包合同显示，工程采用工程量清单计价方式，综合单价依据《广东省建设工程计价依据2010》编制的施工图预算组价确定，竣工结算时发生计价争议。

一、争议事项

本项目各单体工程分别竣工验收后，发包人要求承包人额外完成一些新增工程内容，并要求承包人按原合同单价结算，双方对各单体新增工程内容能否采用原合同单价计算产生争议。

二、双方观点

发包人认为，新增工程内容为单体工程在政府相关部门联合验收后按实际使用要求进行部分位置调整而发生的施工任务，属于工程变更签证范围，因此新增工程内容综合单价执行原合同单价。

承包人认为，新增工程内容所依附的单位工程已经竣工验收，为完成新增工程内容，承包人需要另行组织人员、材料、机械等进场，其施工成本与原工程不同，因此竣工验收后增加的内容结算时不能执行原合同单价。

三、我站观点

单体工程通过竣工验收，表明合同工程已完成，如新增工程属于竣工验收相配套的整改内容，则属于合同工程范畴，并执行原合同单价；如新增工程不属于竣工验收相配套的整改内容，则不属于合同工程范畴，应由发承包双方另行协商定价。

关于换填碎石垫层选用定额子目的争议案例

某道路扩建工程，资金来源为财政资金，发包人采用公开招标方式，确定由某建筑公司负责承建。2021 年 1 月签订的施工合同显示，工程采用工程量清单计价方式，综合单价依据《广东省市政工程综合定额 2018》编制的施工图预算组价确定，施工图预算编审时发生计价争议。

一、争议事项

本工程新建车行道路段，软基处理设计图显示换填 1.5m 厚级配碎石垫层，施工图预算审核时发承包双方就换填碎石垫层组价时定额子目选用产生争议。

二、双方观点

发包人认为，换填碎石垫层的综合单价组价时应套用软基处理工程中的 D1-3-28 "填砂（碎）石"子目，并将子目的中砂换算为石屑即可。

承包人认为，D1-3-28 "填砂（碎）石"子目工作内容与实际施工的碎石级配拌合及分层机械碾压工艺不符，因此综合单价组价时应套用道路工程中的 D2-2-24 及 D2-2-25 "人机配合铺装级配碎石底基层"子目。

三、我站观点

依据新建车行道路段施工图，换填 1.5m 厚级配碎石垫层为软基处理，其综合单价组价时套用 D.1.3 软基处理、桩及支护工程中 D1-3-28 "填砂（碎）石"子目，并按设计级配材料换算主材，材料总消耗量不变，该子目已包含碎石级配拌合与分层机械碾压工艺等工作内容。

关于钢板桩主材费按定额消耗量还是按租赁使用费计取的争议案例

某综合管廊工程，资金来源为财政资金，发包人采用公开招标方式，确定由某建筑公司负责承建。2016年10月签订的施工合同显示，工程采用工程量清单计价方式，综合单价依据定额编制的施工图预算组价确定，施工图预算编审时发生计价争议。

一、争议事项

本工程经审批的深基坑开挖采用钢板桩支护方式，发承包双方在依据《广东省城市地下综合管廊工程综合定额2018》（以下简称管廊定额）编制预算过程中，发承包双方对钢板桩主材按定额消耗量还是租赁使用费计价发生争议。

二、双方观点

发包人认为，管廊定额"陆上打拉森钢板桩（18m内）"子目已明确主材消耗量（摊销）为0.354t/10t，预算应按此消耗量乘以不含税信息价计算费用。

承包人认为，根据管廊定额G.1.2章的说明第五条第6点规定"打钢板桩定额主材摊销量综合考虑，如采用租赁钢板桩，钢板桩使用费另行计算（计入材料费），编制概（预）算时，钢板桩使用费可按每吨每月310元（除税价，含运费）标准参考使用，结算可按实计算，钢板桩使用费总额不超过钢板桩主材的2/3。同时套用打钢板桩子目时，按每10t钢板桩的主材消耗量0.1t进行换算，其他不变"，由于本工程采用租赁的钢板桩施工，故应按钢板桩使用费另行计算的规定执行。

三、我站观点

本工程综合管廊工程施工图预算编制，发包人同意执行《广东省城市地下综合管廊工程综合定额2018》，且查询相关资料，采用租赁钢板桩方式组织施工的方案经发承包双方确认，因此钢板桩主材费用在编制预算时可按管廊定额G.1.2章的说明第五条第6点规定计算。

关于钢支撑主材费按定额消耗量
还是按摊销使用费计取的争议案例

某综合管廊工程，资金来源为财政资金，发包人采用公开招标方式，确定由某建筑公司负责承建。2016年10月签订的施工合同显示，工程采用工程量清单计价方式，综合单价依据定额编制的施工图预算组价确定，施工图预算编审时发生计价争议。

一、争议事项

本工程经审批的深基坑开挖采用钢支撑支护方式，发承包双方在依据《广东省城市地下综合管廊工程综合定额2018》（以下简称管廊定额）编制过程中，发承包双方对钢支撑主材按定额消耗量还是摊销使用费计价发生争议。

二、双方观点

发包人认为，管廊定额"大型钢支撑安装、拆除（宽15m以内）"子目已明确主材消耗量为5.25kg/t（钢围檩）、25kg/t（钢支撑），预算应按此消耗量乘以不含税信息价计算费用。

承包人认为，管廊定额G.1.2章的说明第十二条第2点规定"定额基价不包括钢支撑制作、矫正、除锈、刷油漆费用"，第6点规定"大型钢支撑使用费另行计算（计入材料费）。编制概（预）算时，大型支撑使用费可按每吨每月260元（除税价，含运费）计算，结算按实计算。使用费总额不超过钢板桩主材的2/3"。因此，"大型钢支撑安装、拆除（宽15m以内）"定额子目中消耗量5.25kg/t（钢围檩）、25kg/t（钢支撑）为大型钢支撑安装所需材料的消耗量，不包含钢支撑主材使用费，主材使用费应另行计算。

三、我站观点

本工程综合管廊工程施工图预算编制，发包人同意执行《广东省城市地下综合管廊工程综合定额 2018》，因该定额"大型钢支撑安装、拆除（宽 15m 以内）"定额子目基价中未包含大型钢支撑使用费，编制预算时钢支撑材料使用费应按管廊定额 G.1.2 章的章说明第十二条第 6 点规定计算。

关于分区施工导致在伸缩缝处搭设外墙脚手架能否计价的争议案例

某厂区生产基地工程，资金来源为企业资金，发包人采用邀请招标方式，确定由某建筑公司负责承建。2019年1月签订的施工总承包合同显示，工程采用工程量清单计价方式，综合单价依据《广东省建设工程计价依据2010》编制的施工图预算组价确定，竣工结算时发生计价争议。

一、争议事项

本工程标号201栋的建筑物呈回字形，以伸缩缝为分界线形成ABCD四个分区，2021年2月本工程出具了ABCD四个分区的建筑图纸和AD区详细结构图，承包人按发包人要求先行施工AD区并在规定节点时间内完成AD区主体结构（封顶），导致在AD区与BC区的伸缩缝位置须搭设外墙脚手架。结算时发承包双方对该伸缩缝处搭设的外墙脚手架能否计量计价产生争议。

二、双方观点

发包人认为，建筑图中有明确的分区，由于AD区先行施工产生的AD区与BC区交界位置临空，承包人可以在开工前进行施工组织计划时全面考虑并编制相关施工方案，故AD区与BC区交界位置临空需要采用的临时防护措施应由承包人承担，不另行计算。

承包人认为，由于发包人分批提供图纸及分区施工保节点要求导致额外搭设了分区伸缩缝处脚手架，故应予计算。

三、我站观点

结合来函提交的相关资料，本工程招标时仅有总平面规划布置图、建筑鸟瞰图、建筑效果图和正立面效果图。中标后承包人按发包人要求进行分区施工，且将额外搭设伸缩缝处脚手架方案报经发包人审批，故因发包人原因导致额外搭设的伸缩缝处脚手架费用应按经发包人、监理单位批复的"外墙脚手架工程安全专项施工方案"计算。

关于约定由承包人负责和支付的工伤保险费能否按规定计取的争议案例

某城市环境综合整治工程，资金来源为财政资金，发包人采用公开招标方式，确定由某建筑公司与某设计公司组成的联合体负责承建。2019年3月签订的工程总承包合同显示，工程采用工程量清单计价方式，综合单价依据《广东省建设工程计价规则2010》编制的施工图预算组价确定，竣工结算时发生计价争议。

一、争议事项

××市建设工程造价管理站发布的《关于工程计价规费项目中单列设置工伤保险费的通知》规定："自2017年1月1日起对本市工程计价程序中的规费项目内容进行调整，在规费计价项目中增设'工伤保险费'，以（分部分项工程费＋措施项目费＋其他项目费）为计算基础，费率按0.1％计算。"竣工结算时发承包双方对本工程的工伤保险费能否按本市规定计取产生争议。

二、双方观点

发包人认为，根据合同施工部分专用条款附件3：安全生产合同中乙方职责"11. 关于工程保险的特别约定：全体施工人员必须办理平安卡，为从事危险作业的职工办理工伤保险、意外伤害保险……上述保险及平安卡办理工作和相关一切费用由承包人负责和支付"，工伤保险费应由承包人负责，不应按本市发文计取。

承包人认为，需要结合招标文件投标须知"20.1 工程建安费计价原则：……依据国家、广东省、××市建设行政主管部门现行最新的有关工程计价文件规定、计价规范……等规定计算"理解专用条款及专用条款约定的其他文件，本工程工伤保险费应按本市发文的相关规定计取。

三、我站观点

本项目为工程总承包模式，约定综合单价依据《广东省建设工程计价规则 2010》编制预算组价确定，即预算按定额规定进行编制，则工伤保险费可按定额规定和项目所在地政府部门规定计取，由承包人负责与支付即可。但合同专用条款专门约定工伤保险费由承包人负责和支付，可理解为工伤保险费按定额规定计算后由承包人负责和支付，也可以理解为工伤保险费虽不按定额规定计算但仍然由承包人负责和支付，因此该合同条款产生歧义，由此导致的争议建议由发承包双方遵循合同订立时的真实意思处理。

关于中标单价高于概算单价是否调整的争议案例

某医院工程，资金来源为财政资金，发包人采用公开招标方式，确定由某建筑公司负责承建。2021 年 5 月签订的施工合同显示，工程采用工程量清单计价方式，合同价格形式为单价合同，合同履行时发生计价争议。

一、争议事项

本工程合同专用条款第 68.2 条约定"中标综合单价不能高于招标控制价的综合单价，如高于招标控制价，则按招标控制价的综合单价计算"，合同履行时发承包双方就高于招标控制价综合单价的中标综合单价是否调整产生争议。

二、双方观点

发包人认为，合同专用条款第 68.2 条约定的计价和结算方式明确，属于招投标文件中的实质性条款，而且招标过程中发布的《概算审核报告》也详细列明了工程量清单综合单价明细，故结算应对高于《概算审核报告》中综合单价的中标单价进行调整。

承包人认为，招标文件中虽然提供了该工程的《概算审核报告》，但是并未载明该概算审核报告中的建安费部分就是招标控制价。因概算价与招标控制价是两个不同的概念，所以招标时并没有提供控制价明细，即不存在结算时将中标单价与控制价中的综合单价作对比，再选用单价计算的情形。另外，本项目合同价格形式为单价合同，结合招标文件投标须知第 13.4 条约定，故结算时应全部按照投标报价（即中标单价）结算。

三、我站观点

来函资料显示，本工程招标公告、招标文件均未明示《概算审核报告》所附"概算审核书"实质为招标控制价明细，且招标文件第 13.4 条款也约定，投标人一旦中标，已标价工程量清单的综合单价在工程结算时不得变更。同时，招标文件所附施工总承包合同文本在招标过程中补充提供后，承包人对合同专用条款第 68.2 条约定中标综合单价高于招标控制价综合单价的调整要求及方法，也未提出澄清的要求，双方均存在一定的责任。由于该条款事关双方重大权益，建议双方本着风险合理分担的原则协商，如按合同约定对综合单价调整时应保持中标合同总价不变的前提下进行余额分配的调整。

关于高支模按定额规定还是
按专项方案计价的争议案例

某厂区生产基地工程，资金来源为企业资金，发包人采用邀请招标方式，确定由某建筑公司负责承建。2019 年 1 月签订的施工总承包合同显示，工程采用工程量清单计价方式，综合单价依据《广东省建设工程计价依据 2010》编制的施工图预算组价确定，预算编制时发生计价争议。

一、争议事项

本工程 208 栋 A 区层高达 22.8m，模板工程属于危险性较大的分部分项工程，发承包方组织专家评审，确定专项施工方案由承包人实施，发承包双方对危险性较大的高支模工程执行定额子目产生争议。

二、双方观点

发包人认为，合同约定采用《广东省建筑与装饰工程综合定额 2010》及其相关计费程序计价，应按模板工程章说明第二、三点"支模高度达到 20m 时，套用支模高度 20m 相应子目；支模高度超过 20m 时，超过部分按相应的每增加 1m 以内计算"的规定计算。

承包人认为，根据粤标定复函〔2022〕40 号文和粤标定复函〔2023〕67 号文的相关案例回复意见，对于有专家论证的危险性较大的分部分项工程不适合套用常规方案编制的定额，且存在实际市场价格与定额价格相差过大的情况，故应根据经审批的专项施工方案计价。

三、我站观点

本工程 A 区支模高度 22.8m，属于超过一定规模的危险性较大的分部分项工程，且施工总荷载在 $15kN/m^2$ 或集中线荷载在 $20kN/m^2$ 以下，属于定额编制时考虑的常规支模高度超高情况，故仍需依据《广东省建筑与装饰工程综合定额 2010》模板工程章说明"支模高度超过 20m 时，超过部分按相应的每增加 1m 以内计算"的规定计算，另因本工程支模高度未超过 30m，故不适用"支模高度超过 30m 时，按施工方案另行确定"的规定。

关于绿色施工安全防护措施费按合同费率还是定额费率计算的争议案例

某学校工程，资金来源为自筹国有资金，发包人采用公开招标的方式，确定由某建筑公司负责承建。2021年3月签订的施工总承包合同显示，工程合同价格形式为单价合同，采用工程量清单计价方式，竣工结算时发生计价争议。

一、争议事项

本工程采用模拟清单招标，按费率计算的绿色施工安全防护措施费在最高投标限价中列出具体金额并要求投标人按该所列金额报价，合同专用条款明确中标后绿色施工安全防护措施费除以中标总价的分部分项工程的人工费与机具费之和，得出绿色施工安全防护措施费"合同费率"，并约定绿色施工安全防护措施在预算编制时采用"合同费率"，由于"合同费率"与现行定额规定的费率不一致，竣工结算时，发承包双方对绿色施工安全防护措施费按"合同费率"计算还是按定额费率计算产生争议。

二、双方观点

发包人认为，本工程招标文件和合同均已约定绿色施工安全防护措施费按"合同费率"计算，故结算时应按发包人施工图预算时确定的"合同费率"执行。

承包人认为，本工程招标文件要求绿色施工安全防护措施费为不可竞争费用，故结算时应以最终实际结算的分部分项工程人工费与施工机具费之和为计算基础，按现行定额规定的费率计算。

三、我站观点

查询来函资料，合同专用条款已明确预算编制时，采用"合同费率"计算绿色施工安全防护措施费，且发承包双方已对经发包人审定的施工图预算签订了补充协议，即发承包双方已认可施工图预算中的绿色施工安全防护措施费用。竣工结算时，如无发生合同约定的价款调整事项导致该费用发生变化的，结算时不做调整。

关于同一材料不同报价的价差计算的争议案例

某学校工程，资金来源为国有资金，发包人采用公开招标的方式，确定由某建筑公司负责承建。2021年3月签订的施工总承包合同显示，工程合同价格形式为单价合同，采用工程量清单计价方式，竣工结算时发生计价争议。

一、争议事项

本工程合同约定，计算材料价差时，施工当月市建设工程造价管理站发布的税前材料综合单价（以下简称"施工当月税前综合价格"）与2020年第12月市建设工程造价管理站发布的税前相应材料综合价格（以下简称"基准月税前综合价格"）对比出现涨落幅度超过3%（不含3%）时，该材料按合同约定公式进行价差调整。同时约定，若调整的相应材料投标单价高于施工当月税前综合价格，则执行施工当月税前综合价格。结算时，发现同一品种的材料在不同楼栋的合同清单出现不同材料报价，承包人认为按该种材料投标的平均报价来判断是否高于施工当月税前综合价格，发承包双方就此产生争议。

二、双方观点

发包人认为，同一种材料在不同清单项目中的投标报价不一致时，按合同约定调整，即投标材料单价高于相应材料施工当月税前综合价，则执行施工当月税前综合价。另外合同附件七计价说明第28点约定，如发生投标材料单价低于施工当月税前综合价，而导致调差后材料价格较大差异的风险，由投标人综合考虑在总报价中，后续不能由此向招标人索赔材料补差费用，即投标材料单价低于施工当月税前综合价时不计算调差。

承包人认为，为遵循实事求是、客观公正的原则，当合同清单出现同规格型号材料不同报价时，则以同材料多个不同价格的平均值作为材料价格来判断是否高于施工当月税前综合价格，再按合同约定的调差公式计算材料价差为宜。

三、我站观点

查阅来函资料，本项目人工费及材料价差的调整和结算方式应根据合同专用条款第 37.2.3 条的约定计算。由于合同未约定合同清单出现同材料不同价格时材料调差的处理规则，故结算时分别按照不同单价的合同清单相应单位工程的工程量进行计算调差，不改变合同单价。

关于石方数量按勘察报告还是签证数量计价的争议案例

某应急工程，资金来源为财政资金，发包人采用邀请招标方式，确定由某建筑公司与某设计公司组成的联合体负责承建。2020 年 7 月签订的设计施工总承包合同显示，工程采用工程量清单计价方式，合同价格形式为单价合同，竣工结算时发生计价争议。

一、争议事项

本工程场地竖向高程变化较大，实际开挖的岩石类别与工程勘察报告基本一致，为极软岩和软质岩，施工中发承包双方也对石方开挖数量进行签证确认。结算时发承包双方就石方工程量的计算依据勘察报告还是签证数量产生争议。

二、双方观点

发包人认为，依据工程勘察报告不能准确计算石方工程量，故结算时石方工程量应按工程量签证数量计算。

承包人认为，工程勘察报告已准确反映项目的整体地质情况，可以采用常规计算方法，根据勘察报告中每个勘探点的土、石方埋深与设计开挖深度的对比，并按照土、石方在对应勘探点开挖总量占比计算土方、石方的工程量。

三、我站观点

一般情况下，实际开挖的岩石类别与工程勘察报告结果一致的，土、石方开挖工程数量可以依据工程勘察报告等资料计算。但查阅来函资料，发承包双方、监理单位已通过"现场签证单 007 号"确认了极软岩、软岩、较软岩的石方数量，且本工程合同价格形式为单价合同，竣工后工程数量按实结算，故其石方结算工程量按签证数量计算比较准确。

关于支模盘扣架分期拆除能否计取增加费的争议案例

某城市更新工程，资金来源为国有资金，发包人采用公开招标方式，确定由某建筑公司负责承建。2022年6月签订的施工合同显示，工程采用工程量清单计价方式，合同价格形式为单价合同，合同履行时发生计价争议。

一、争议事项

本工程合同约定，除模板外的措施项目费实施总价包干。施工中，基坑支撑拆除方案经专家论证，要求承包人拆除作业时，拆除区域范围下部各层楼板支模盘扣架不得同时拆除，需待全部支撑梁拆除作业完成后才允许拆除，由此增加了支撑时长，导致因支模盘扣架材料租赁费增加而增加了支模盘扣架措施费用，发承包双方对此部分增加的支模盘扣架措施费是否予以计价产生争议。

二、双方观点

发包人认为，由于合同约定措施项目费总价包干，且工程地块地貌、地质资料、支护结构、基坑大小和土方开挖深度及周边工况在招标前后均未发生任何变化，故此部分增加的支模盘扣架措施费用不予调整。

承包人认为，常规情况下支模盘扣架在满足混凝土结构强度后即可拆除，投标时结合招标文件工期要求与支模盘扣架正常时间拆除方案进行报价。但由于发包人按专家论证意见要求支撑梁拆除作业面及叉车行走范围的下部各层楼板支模盘扣架需待全部内支撑拆除完成后才允许拆除，由此导致投入的模板支撑体系及周转材料大量增加，使用时间延长，与招标时支模盘扣架清单按照正常时间拆除考虑的报价有较大偏差，故应予计算所增加的费用。

三、我站观点

根据规范要求，模板底模支架拆除时间，应考虑楼层施工荷载和混凝土强度增长情况确定,其中楼层施工荷载需在施工前进行验算,楼层施工荷载的验算结果需与设计楼面均布活荷载标准值进行对比。依据双方补充提供的招标图纸等资料,部分区域的设计楼面均布活荷载标准值可以满足叉车转运支撑梁混凝土块在楼板上行驶,但该区域在招标图纸上并未清晰明确其在楼板中的范围,无法准确验算支撑梁及叉车行走区域的楼板是否能满足其施工荷载。实际施工时,基坑支撑拆除经专家论证明确,在拆除区域及叉车行走作业面范围内的下部各层楼板支模盘扣架,均须待基坑支撑拆除工序完成后再予拆除,承包人在投标时无法对使用时长不确定的支模盘扣架费用进行综合报价,专项方案经专家论证后,相应楼板模板底模支架的拆除时间方能确定。此外,合同约定除模板外的措施项目费实施总价包干,故作为不在总价包干范围内的楼板模板措施项目,其底模支架延时拆除增加的相关费用,应根据经审批的专项施工方案结合现场施工实际予以计取。

关于地下室外墙单边支模板是否为
清单漏项的争议案例

某城市更新工程，资金来源为国有资金，发包人采用公开招标方式，确定由某建筑公司负责承建。2022 年 6 月签订的施工合同显示，工程采用工程量清单计价方式，合同价格形式为单价合同，合同履行时发生计价争议。

一、争议事项

本工程东侧基坑支护桩与地下室外墙的距离在 300mm 内，东侧地下室外墙需考虑采用单边支模板的方式进行施工，承包人认为该施工方案无对应的招标清单，提出按招标清单漏项规则调整合同价款，发承包双方对于地下室外墙单边支模板是否为清单漏项产生争议。

二、双方观点

发包人认为，承包人的投标施工方案中东侧位置地下室外墙已考虑采用单边支模板，结合投标承诺函中关于措施费报价与投标施工方案不一致或漏项的已综合考虑在其他清单报价中的意思表达，单边支模板费用已综合考虑在措施费报价中，不予另计。

承包人认为，投标清单中没有单边支模的模板清单，发包人应为投标清单的准确性负责，应按照清单漏项予以计算。

三、我站观点

单边支模板的搭拆方式与常规的直形墙模板搭拆方式有所区别，但招标工程量清单没有对采用不同搭拆方式的模板清单加以区分，并且招标文件及合同约定模板不在总价包干的措施项目范围内，故本项目单边支模板不能以一般常规的直形墙模板项目计价，应按经审批的施工方案计价。

关于后浇带工字钢按措施费还是按实体工程计价的争议案例

某城市更新工程，资金来源为国有资金，发包人采用公开招标方式，确定由某建筑公司负责承建。2022年6月签订的施工合同显示，工程采用工程量清单计价方式，合同价格形式为单价合同，合同履行时发生计价争议。

一、争议事项

本工程沉降后浇带设置了工字钢对撑加固，发承包双方对于后浇带工字钢按措施费还是按实体工程计价产生争议。

二、双方观点

发包人认为，承包人的投标施工方案中沉降后浇带已考虑设置工字钢，该工字钢属于加固措施，结合投标承诺函中关于措施费报价与投标施工方案不一致或漏项的已综合考虑在其他清单报价中的意思表达，后浇带工字钢费用不予调整。

承包人认为，中标后施工图后浇带增加工字钢，因工字钢永久埋于后浇带中，不属于措施费用，应按实体工程考虑计算后浇带工字钢费用。

三、我站观点

根据2013版清单计量计价规范相关规定，后浇带工字钢属于"预埋铁件"，不属于措施项目。根据双方提供的资料显示，本工程招标工程量清单"后浇带"项目未包含预埋的工字钢，并且后浇带工字钢属于中标后施工图增加的内容，应根据合同专用条款第25.1条工程变更价款的确定方法的相关约定，另行计算后浇带工字钢的费用。

关于塑料排水板设计长度计量的争议案例

某市政配套工程，资金来源为国有资金，发包人采用公开招标方式，确定由某建筑公司负责承建。2021年11月签订的施工合同显示，工程采用工程量清单计价方式，合同价格形式为单价合同，竣工结算时发生计价争议。

一、争议事项

本工程软基处理的塑料排水板，地面整平线以下塑料排水板长度根据地质钻孔柱状图经沉降计算确定，由地面整平线下入土25m。地面整平线以上设置600mm厚砂垫层。因本工程场地为吹填形成的陆域，场地土松散软弱、承载力低，考虑排水板施工设备的正常施工及安全因素，设计要求砂垫层一次性铺设施工后，在砂垫层上施打塑料排水板，排水板弯折入砂垫层中的长度≥500mm。发承包双方在计算塑料排水板工程量时对是否计算地面整平线上塑料排水板长度产生争议。

二、双方观点

发包人认为，根据《市政工程工程量计算规范》GB 50857—2013相关规定，塑料排水板按设计图示以长度计算，结合项目特征描述"砂垫层以上外露长度不小于500mm；综合考虑按图纸和规范要求而实施、完成这项工程的一切有关费用"，故只计算地面整平线下塑料排水板长度，而地面整平线上按图纸和规范要求完成该项工作的全部费用包含在综合单价内，不另计算地面整平线上塑料排水板长度。

承包人认为，根据《建设工程工程量清单计价规范》GB 50500—2013及《市政工程工程量计算规范》GB 50857—2013相关规定，塑料排水板按设计图示以长度计算，结合设计图纸应为按设计长度地面整平线下入土25m与地面整平线上1.1m长排水板（砂垫层厚60cm和砂垫层上外露长度50cm）之和计算。

三、我站观点

本工程经相关单位确认的塑料排水板设计图纸明确 600mm 厚的砂垫层需要一次性铺设，且塑料排水板需在砂垫层上外露 500mm 保证排水功能，因此地面整平线以上 1.1m 为有效的设计长度。根据《市政工程工程量计算规范》GB 50857—2013 关于塑料排水板按设计图示以长度计算的规定，地面整平线以上的塑料排水板长度工程量应予计算。

关于红线外施工便道费用
是否在投标报价内的争议案例

某市政配套工程，资金来源为国有资金，发包人采用公开招标方式，确定由某建筑公司负责承建。2021年11月签订的施工合同显示，工程采用工程量清单计价方式，合同价格形式为单价合同，竣工结算时发生计价争议。

一、争议事项

本工程施工现场条件为采用真空联合堆载，且场地为新吹填，为保障施工，在新建道路周边用地红线外设置临时便道。竣工结算时发承包双方对工程用地红线外临时便道费用是否含在投标报价内产生争议。

二、双方观点

发包人认为，本工程招标内容为招标图纸及工程量清单，故施工图内新建道路周边设置的临时便道，属于建设工程招标图纸范围的内容，根据招标文件第1.15条"可以提供的施工条件"、第3.11条"承包风险"及招标答疑等内容，设计图内的施工便道费用应在投标报价措施费中综合考虑，不再计取费用。

承包人认为，本工程招标时只明确含有用地红线范围内的施工便道工程项目，并没有明确含有用地红线外的临时便道工程项目，红线外临时施工便道属于发包人提供给承包人使用的"三通一平"施工条件，由于本项目在实施过程中，现场场地条件极为复杂，发包人并未建设满足场外运输通行条件的施工便道，而是由承包人代发包人按设计施工图修建了完整的临时施工便道，其性质应属于合同范围外增加的实体工程，综合上述，本工程应将用地红线外临时便道纳入结算。

三、我站观点

根据本工程招标文件、招标答疑的相关约定，临时便道的相关费用应由承包人在投标报价时考虑在措施费中。但是招标工程量清单并未对该项内容列项，也未对需要承包人承担的临时便道范围进行明确界定，难以判断是否包含红线外部分，且本工程合同价格形式为单价合同，故根据《建设工程工程量清单计价规范》GB 50500—2013 规定，招标工程量清单的准确性和完整性由招标人负责，建议发承包双方结合招投标时双方真实意思协商计算。

关于变更增加开孔洞的费用
能否计取的争议案例

某住宅商业配套工程，资金来源为企业资金，发包人采用邀请招标方式，确定由某建筑公司负责承建。2017年6月签订的施工总承包合同显示，工程采用工程量清单计价方式，合同价格形式为单价合同，竣工结算时发生计价争议。

一、争议事项

本工程按施工图已在混凝土墙施工时完成套管预留工作，后因设计变更改变了管道穿墙位置，导致需重新开孔洞安装套管，发承包双方对变更增加开孔洞的费用是否另行计取产生争议。

二、双方观点

发包人认为，穿墙套管制作安装定额的工作内容描述含"打墙眼"，故开孔洞费用已包含在合同清单中"套管"综合单价内，不再另行计取开孔洞费用。

承包人认为，涉及变更的套管均处于混凝土墙上，需重新开孔洞、安装套管及封堵。合同清单中"套管"的项目特征描述中没有包含"开孔洞"，而实际开孔洞的成本比钢套管的成本还高，故除了按合同清单项"套管"计取费用外，还需按合同变更约定另行计取开孔洞费用。

三、我站观点

经查询合同约定执行的《通用安装工程工程量计算规范》GB 50856—2013，套管制作安装清单的工作内容不包括开孔洞，本工程套管制作安装清单项也未有包含开孔洞费用的计价规定，且由于本工程采用工程量清单计价方式，定额工作内容是否包含开孔洞费用与解决此争议无关，故因变更增加的开孔洞费用，应按照合同专用条款第27.3.5条工程变更调整合同价款的约定另行计取。

关于不平衡报价项目是否按调整
后综合单价结算的争议案例

某学校工程，资金来源为财政资金，发包人采用公开招标方式，确定由某建筑公司负责承建。2020 年 11 月签订的施工合同显示，工程采用工程量清单计价方式，合同价格形式为单价合同，竣工结算时发生计价争议。

一、争议事项

本工程合同约定，在投标报价文件分部分项工程量清单综合单价，如高于按专用条款 76-1.1 相关规则计算出来的综合单价，或低于按专用条款 76-1.1 相关规则计算出来的综合单价的 70% 时，确定为不平衡报价，同时在合同专用条款 76-1.2 约定，不平衡报价的调整方式为"按合同专用条款第 72.2 条约定核减综合单价，修正投标文件的不平衡报价"，竣工结算时发承包双方对于不平衡报价项目是否按调整后的综合单价作为结算单价产生计价争议。

二、双方观点

发包人认为，按合同专用条款第 72.2 条约定仅核减"不平衡报价"项目的综合单价，不平衡报价项目的结算单价应采用调整后的综合单价，即对于原合同清单单价高于重组单价的清单项，根据合同条款第 72.2 条按新增变更清单项计价办法进行再次组价，按合同下浮率下浮后在不高于原合同清单单价的前提下作为最终结算单价，而原合同清单单价低于重组单价 70% 的清单项，则不作调整。

承包人认为，根据合同专用条款 76-1.1、76-1.2 的约定，"修正"应理解为"调整"，是属于可增可减，如仅"核减"，有违公正、公平的原则；承包人的投标单价是结合当时行业环境与企业自身经营情况自主报价，与标准定额组价有一定比例的幅度差，现合同约定投标单价高于标准定额组价就认定为不平衡报价，显失公平；招标文件只提供了投标限价总额，并未提供各清单项综合单价，招标文件未要求投标的综合单价不能超过最高投标限价，承包人的投标总价与文明施工措施费总价均在最高投标限价内，满足招标控制价要求；根据招标文件的投标须知通用条款第 13.4 条，投标人一旦中标，投标人对招标人提供的招标工程量清单中列出的工程项目所报出的综合单价，在工程结算时将不得变更等约定，不平衡报价项目的结算单价不应按"不平衡报价"调整，应按投标报价。

三、我站观点

招标文件以及合同专用条款 76-1.1、76-1.2 对"不平衡报价"事件进行了定义，并明确"不平衡报价"项目按合同专用条款第 72.2 条约定仅核减综合单价，发承包双方应遵循合同约定对不平衡报价进行调整，但在调整中需按照招标投标相关法规不能改变中标总价。为此，双方应对调整后的综合单价是否适用于所有工程量的计价，还是仅适用于超出招标工程量之外部分的计价或其他适用范围界定，以及因综合单价调整后的总价与中标总价存在偏差部分需要分摊处理等事项进行协商约定。

关于围堰钢板桩非入土长度是否计量的争议案例

某道路工程，资金来源为财政资金，发包人采用公开招标方式，确定由某建筑公司负责承建。2015 年 11 月签订的施工合同显示，工程采用工程量清单计价方式，合同价格形式为单价合同，竣工结算时发生计价争议。

一、争议事项

本工程围堰施工采用拉森钢板桩加砂包的结构形式，堰顶高程采用最高潮水位加高 0.5m 设计。招标清单将围堰钢板桩放入分部分项工程费项目，清单招标工程量按设计钢板桩围堰长度乘以钢板桩支护深度（桩长 9m）以吨计算，与粤建造发〔2014〕3 号文规定不一致。竣工结算时发承包对围堰钢板桩非入土长度是否计量发生争议。

二、双方观点

发包人认为，依据《市政工程工程量计算规范》GB 50857—2013 及粤建造发〔2014〕3 号文规定，打拔钢板桩结算深度应为入土深度，非入土深度部分不予以计取（即水中部分不予以计取）。

承包人认为，因钢板桩是用于砂包围堰支撑及挡水（砂包围堰高度达到 2.66～5.23m，理应考虑受力损坏，且水位最高可以淹没围堰砂包），故钢板桩的结算工程量仅按围堰砂包底的入土深度计算不合理，应按设计要求支护深度 9m 计算，且设计桩顶标高（3.206）至河床深度的工程量综合单价也应按合同单价计价。

三、我站观点

本工程招标清单"打拔钢板桩"项目特征"1. 打拔拉森钢板桩 桩长 9m；2. Ⅲ型拉森钢板桩"，其中桩长 9m 从招标图纸显示包含了入土、水中、水上部分，即招标工程量中桩长是按照设计桩顶至入土深度计算，投标人据此规则确定长度，再考虑自身优势和市场价格综合报价，即入土、水中、水上不同部分的价格差异已经综合考虑在报价中。因此，结算时，钢板桩长度应遵循招标时双方真实意思，按照设计桩顶至入土深度计算。

关于钢结构场内外运输费是否属于清单漏项的争议案例

某连廊工程，资金来源为财政资金，发包人采用公开招标方式，确定由某建筑公司负责承建。2020年6月签订的施工总承包合同显示，工程采用工程量清单计价方式，合同价格形式为单价合同，竣工结算时发生计价争议。

一、争议事项

本工程沿13条道路人行道边施工，建设总长度约16.43km，存在施工路段长且分散、施工作业面宽度窄等情况，因此设置了钢结构集中堆放场，待钢结构吊装时再转运现场。竣工结算时发承包双方对钢柱、钢梁的场内外运输费是否属于清单漏项产生争议。

二、双方观点

发包人认为，本工程采用成品构件计价，构件的材料费已包含构件运输费，不应另行计算钢结构的场内外运输费用。

承包人认为，钢柱、钢梁招标工程量清单项目特征未对场外运输予以描述，也未依据粤建造发〔2013〕4号文开列钢结构构件场外运输（粤010609002）清单项目，属于招标工程量清单漏列，应增加场内外运输费用并调整合同价。

三、我站观点

来函资料显示，本工程招标图明确钢结构构件为生产厂家加工制作后运至工地指定地点，其场外运输费应考虑在成品价格中，不另行计算，同时施工现场内的运输费用也应包含在已标价清单综合单价中。若因施工环境和场地限制不能直接原车运送到13条道路施工现场，而是由集中堆放点分别运输到各施工路段，由此产生的费用，属于二次运输费，则可依据批准的施工组织设计或专项运输方案另行计算。

关于钢柱拼装费是否为清单漏项的争议案例

某连廊工程，资金来源为财政资金，发包人采用公开招标方式，确定由某建筑公司负责承建。2020 年 6 月签订的施工总承包合同显示，工程采用工程量清单计价方式，合同价格形式为单价合同，竣工结算时发生计价争议。

一、争议事项

本工程招标图明确所有钢结构的制造、预拼装均在工厂完成，各钢柱均为异形，整根超高、超宽件，须解体运输至现场后拼装及安装，钢柱招标工程量清单依据《房屋建筑与装饰工程工程量计算规范》GB 50854—2013（以下简称"2013 房建工程计算规范"）设置。竣工结算时发承包双方就钢柱拼装费是否属于清单漏项产生争议。

二、双方观点

发包人认为，钢柱清单的项目特征虽然未描述拼装，但清单工作内容已包含拼装，投标人应根据招标图纸及相关说明自行考虑拼装费，故拼装费不属于清单漏项。

承包人认为，本项目钢柱清单项目特征除应按附录中规定的项目特征描述外，还应结合本项目实际及特点写明拼装、解体运输等要求，以满足确定综合单价的需要，由于招标工程量清单的准确性和完整性应由招标人负责，故应增加钢柱的拼装费用。

三、我站观点

来函资料显示，钢柱清单（010603002）的项目特征描述符合 2013 房建工程计算规范要求，其拼装属于工作内容，不在清单项目特征中描述，且招标时已经明确投标报价需要考虑钢结构在工厂制造与预拼装、解体运输至现场后拼装与吊装发生的费用，故钢柱拼装费不属于清单漏项，不应另行计算。

关于特征描述不完整能否重新定价的争议案例

某连廊工程，资金来源为财政资金，发包人采用公开招标方式，确定由某建筑公司负责承建。2020 年 6 月签订的施工总承包合同显示，工程采用工程量清单计价方式，合同价格形式为单价合同，竣工结算时发生计价争议。

一、争议事项

本工程风雨连廊星辰方案雨棚招标图采用异形（三角形）钢化夹胶玻璃，招标工程量清单开列"玻璃钢屋面"清单，项目特征中玻璃钢品种规格描述为 8mm＋1.52PVB＋8mm 钢化夹胶炫彩玻璃，未描述玻璃形状。竣工结算时，发承包双方就玻璃钢屋面清单项目特征未描述玻璃形状，能否重新确定综合单价产生争议。

二、双方观点

发包人认为，投标人应在投标报价时根据图纸自行考虑玻璃为异形的费用，不调整投标单价。

承包人认为，清单项目特征描述的玻璃未明确异形，属于清单项目特征描述与图纸不符，应重新确定综合单价，增加异形玻璃的费用。

三、我站观点

依据来函资料，风雨连廊星辰方案雨棚玻璃钢屋面清单，清单项目特征描述未描述玻璃形状，本工程的合同价格形式为单价合同，投标人是依据招标清单项目特征描述进行报价，因此清单项目特征描述未完整，导致与招标图纸不符，应依据合同专用条款第 23.5 条合同价款调整原则，按审定的竣工图重新确定其综合单价。

关于施工场地外新增内容是否
执行合同单价的争议案例

某连廊工程，资金来源为财政资金，发包人采用公开招标方式，确定由某建筑公司负责承建。2020 年 6 月签订的施工总承包合同显示，工程采用工程量清单计价方式，合同价格形式为单价合同，竣工结算时发生计价争议。

一、争议事项

本工程施工过程中，发包人因场地管线改迁、树木迁移、地块开发等原因，连廊建设总长度由合同约定的十三条路段 16.43km 调整到 6.908km，并于 2021 年 10 月又增加了原施工场地范围外的四条路段共 3.642km。竣工结算时发承包双方对沿新增路段连廊上盖雨棚是否执行合同单价产生争议。

二、双方观点

发包人认为，根据合同专用条款第 23.5.1 条约定，沿新增路段连廊上盖雨棚应按合同单价结算。

承包人认为，沿增加路段连廊上盖雨棚施工地点、周边环境与原合同不一致，其工程量也超过原合同路段实际施工工程量的 50%，且实施期间为 2022 年 1 月至 3 月，适逢雨棚材料价格大幅上涨，超出了承包人所能预见的范围，故合同的实施条件发生了变化，应重新确定综合单价。

三、我站观点

虽然施工合同专用条款第 23.5.1 条约定新增工程可以适用原合同单价，但本工程施工过程中，发包人对原施工场地范围内的连廊及其上盖雨棚等建设规模减少约 58%，变更后施工中再大幅增加工程量，且此次增加路段涉及的施工地点、走向、环境等相关条件发生变化，导致合同实施的基础条件已发生了实质性变化，建议发承包双方应结合变更工程施工路段基础条件、施工期间价格变化等情况，对减少规模后再增加的工程量部分协商定价。

关于非可调价范围的材料
能否计算价差的争议案例

某连廊工程，资金来源为财政资金，发包人采用公开招标方式，确定由某建筑公司负责承建。2020 年 6 月签订的施工总承包合同显示，工程采用工程量清单计价方式，合同价格形式为单价合同，竣工结算时发生计价争议。

一、争议事项

本工程物价涨跌的价格调整范围为人工、机械台班、砂、碎石、石屑及《关于区财政投资工程人工、材料（设备）、机械价格调整的意见的通知》附件《各类工程可调价差材料（设备）清单》中对应工程类别规定的可调价材料（设备），并明确"广州地区建设工程常用材料税前综合价格"中没有的材料、设备均不予调整。竣工结算时发承包双方就雨棚板材能否计算价差产生争议。

二、双方观点

发包人认为，雨棚板材不在合同约定的调差范围内，故不予调差。

承包人认为，对于本工程顶棚屋面属于主体结构，雨棚板材为顶棚屋面的主要材料，施工期间雨棚板材价格上涨幅度远超合同约定的主要材料涨幅风险承担范围，严重超出承包人可以承受的范围，故申请调差。

三、我站观点

来函资料显示，本工程建设规模因发包人原因先减少、后增加，导致合同实施的基础条件发生了实质性变化，包括风雨连廊雨棚所涉及的聚酯碳酸酯（PC）实心板、铝合金槽形板、开孔铝合金装饰板等各类材料所占造价的比例也发生了改变，建议发承包双方应结合变更后工程各类材料所占造价比例、施工期间价格变化等情况，重新约定材料价差的调整范围。

关于停止发布信息价的材料如何
计算价差的争议案例

　　某市政工程，资金来源为财政资金，发包人采用公开招标方式，确定由某建筑公司负责承建。2017 年 9 月签订的施工合同显示，工程采用工程量清单计价方式，合同价格形式为单价合同，竣工结算时发生计价争议。

一、争议事项

　　本工程约定材料调差范围包括细砂，材料调差执行本市建设工程造价管理站发布的信息价，招投标时细砂选用航务、水工工程用细砂（航务细砂）编制控制价及投标文件。2018 年 9 月起，本市建设工程造价管理站停止发布航务、水工工程用细砂的信息价，发承包双方就其停止发布之后细砂调差产生计价争议。

二、双方观点

　　发包人认为，航务细砂调差仅计算已发布信息价月份，信息价停止发布月份，应按合同未发布信息价范围的材料的约定执行，故不予调整。

　　承包人认为，施工中虽然航务、水工工程用细砂的信息价停止发布，但细砂的信息价未停止发布，故停止信息价发布月份的航务、水工工程用细砂应按照细砂的信息价涨跌幅度进行材料调差，或按市场价的涨跌幅度进行材料调差。

三、我站观点

　　本工程回填砂招标清单的项目特征描述材料品种为细砂，项目特征描述没有对细砂品种品质做进一步说明，即表示回填的细砂只要满足质量验收标准即可，虽然招标控制价和中标价编制时采用航务、水工工程用细砂价格报价，但不能视为回填砂必须为航务细砂，故本工程 2018 年 9 月及以后的细砂（航务细砂）价差应采用实际施工使用且符合质量验收标准的施工当期的细砂信息价计算。

关于中标后施工围挡标准变化
能否调整费用的争议案例

某水供应工程，资金来源为国有资金，发包人采用公开招标方式，确定由某建筑公司负责承建。2017 年 7 月签订的施工合同显示，工程采用工程量清单计价方式，合同价格形式为单价合同，竣工结算时发生计价争议。

一、争议事项

本工程中标后承包人按投标时本市行政主管部门规定在施工区域设置了装配式夹芯板围挡，工程实施过程中，相关行政主管部门发布了施工围挡新标准文件，承包人按照该文件要求拆除已安装完成的装配式夹芯板施工围挡，更换为带喷淋系统的钢结构横向多孔面板式围挡，并在后续施工区域围挡按新标准施工，对比招投标时成本费用差别较大，现工程已竣工验收进入结算阶段，发包人和承包人就施工围挡是否应按政府部门颁发的新规进行计价产生争议。

二、双方观点

发包人认为，合同专用条款第 96.1 条其他事项（一）其他风险之（9）约定"现场施工围栏、围挡、围墙（包括交通安全防护）等所有安全措施必须符合本市城建部门要求，其费用由承包人在中标降幅中综合考虑"，且以上内容均在发包人约定的包干风险内，故不调整费用。

承包人认为，合同专用条款对现场施工围栏包干结算风险的约定，未包括法律、法规、规章和政策在合同工程基准日期后发生变化而引起费用增加的风险。因政府部门在工程中标后对施工围挡提出了新的要求，导致围挡材质、高度及附属设施有重大变化，依据合同通用条款约定，合同履行期间法律、法规、规章和政策引起的工程造价增减事件，应按照实际确认的施工围挡工程量增加计算费用，计算规则结合广东省建设工程标准定额站发布的粤建标函〔2018〕106 号文和本市造价站发布的《施工围挡 A1 补充子目》进行计价。

三、我站观点

对于行政主管部门在本工程中标后颁布施工围挡新标准，且执行新标准导致费用增加的，属于工程变更，已按旧标准施工的围挡需计取其施工、拆除费用，仅按新标准施工的围挡只计算因围挡标准发生变化而增加的工程费用。

关于复工赶工措施费能否计价的争议案例

某水供应工程，资金来源为国有资金，发包人采用公开招标方式，确定由某建筑公司负责承建。2017年7月签订的施工合同显示，工程采用工程量清单计价方式，合同价格形式为单价合同，竣工结算时发生计价争议。

一、争议事项

本工程33号至34号沉井段顶管设计长度约597m，2020年1月5日顶进至500m时，因新冠疫情管控停工，至2020年2月20日复工，由于停工时间过长，导致顶管抱死，无法顶进。承包人按经审批的施工方案，采用重新注入触变泥浆、前后拉动中继间恢复管道润滑、加强中继间及后座、更换千斤顶加大顶力等措施，于2020年3月10日复顶，2020年3月25日贯通。竣工结算时发承包双方对复顶增加措施费和赶工措施费能否计取产生争议。

二、双方观点

发包人认为，新冠疫情为不可抗力事件，合同专用条款第96.1条约定不可抗力的风险，承包人可向保险公司索赔或自行承担。

承包人认为，根据合同通用条款第31.4条约定，因发生不可抗力事件导致工期延误的，工期相应顺延。发包人要求赶工的，承包人应采取赶工措施，赶工费用由发包人支付。根据《广东省住房和城乡建设厅关于精准施策支持建筑业企业复工复产若干措施的通知》（粤建市函〔2020〕28号）精神，受防控新冠疫情影响，造成工期延误，工程复工后发包人要求赶工的，赶工费用另行计算。

三、我站观点

双方上传资料显示，因发包人征地拆迁滞后影响，28号～35号沉井顶管段，工期延长425天，致使33号至34号沉井顶管段施工时遇上新冠疫情。结合《广东省住房和城乡建设厅关于精准施策支持建筑业企业复工复产若干措施的通知》（粤建市函〔2020〕28号）精神，因新冠疫情导致工期延误，发包人要求赶工，承包人采取赶工、复工措施的费用由发包人承担。

关于余方弃置是否天然密实度
体积计量的争议案例

某养老院工程，资金来源为财政资金，发包人采用公开招标方式，确定由某建筑公司负责承建。2016年2月签订的施工合同显示，工程采用工程量清单计价方式，合同价格形式为单价合同，竣工结算时发生计价争议。

一、争议事项

合同工程量清单特征描述，余方弃置的运距为5km，工程实施过程中，因5km范围内无纳土场而无法弃土。发承包双方依据区政府常务会议纪要于2017年4月签订补充协议一，约定余方弃置结算的工程量以弃土收纳点实际收到的土方量为准。竣工结算时发承包双方对余方弃置工程量计算规则产生争议。

二、双方观点

发包人认为，根据补充协议一第二条工程进度款支付方式的约定"实际土方量以第三方测量单位根据地形图计算的方量及甲方所提供收方点收方方量中的最小者为准"及第七条"如甲方提供的纳土点实际收到土方量与养老院外运土方量不一致，则结算土方量以甲方提供的纳土点实际收到土方量为准"，故应按照广东省地质物探工程勘察院出具的项目纳土点实际回填土后地面高程点测量技术总结中测量的总回填方量扣减总挖方量作为余方弃置的结算工程量，即以纳土点土方夯实后计算的填方量为准。

承包人认为，测量技术总结中回填土方工程量为压实后的体积，应以纳土点土方夯实后计算的填方量为基数，再根据《广东省市政工程综合定额2010》中的土方体积折算系数表，将夯实方折算为自然密实度体积，即计算纳土点回填土的天然密实度体积作为余方弃置结算工程量。

三、我站观点

根据补充协议一约定，余方弃置结算的工程量以弃土收纳点实际收到的土方量为准，但未约定弃土收纳点的土方以何种填筑标准计算土方量。本工程合同约定采用工程量清单计价模式，根据《市政工程工程量计算规范》GB 50857—2013 规定，A.1 土方工程"注：4 土方体积应按挖掘前的天然密实体积计算"，补充协议一的工程量清单仍需遵从清单计价规范的相关规定。因此，双方应根据清单计价规范以弃土收纳点的实际填筑标准，将弃土收纳点的土方体积折算为天然密实体积作为本工程余方弃置的结算工程量。

关于中标单价高于招标控制价相应
综合单价能否调整的争议案例

某道路升级改造工程，资金属性为财政资金，发包人采用公开招标方式，确定由某建设公司负责承建。2019 年 11 月签订的施工合同显示，工程采用工程量清单计价方式，合同价格形式为单价合同，竣工结算时发生计价争议。

一、争议事项

本工程招标文件第 22.2 条投标报价风险中约定"本工程不接受工程总价金额直接降幅及不平衡报价"，结算时，发包人提出高于招标控制价相应综合单价的中标单价作为不平衡报价进行调整，发承包双方就高于招标控制价相应综合单价的中标单价能否调整产生争议。

二、双方观点

发包人认为，根据招标文件第 22.2 条投标报价风险中的要求，当中标单价高于招标控制价相应综合单价时，应按不平衡报价调整合同价款。

承包人认为，本工程招标文件只公布了最高投标限价，并未提供各清单项目综合单价，故应按中标单价进行结算。

三、我站观点

来函资料显示，本工程招标文件约定不接受工程总价金额直接降幅及不平衡报价，但招标时只公布了最高投标限价总额，未提供各清单项目综合单价，也未明确不平衡报价的定义，且招标文件与合同条款均未约定中标单价高于招标控制价相应综合单价的需调整合同价款，故工程结算时应按中标单价执行，不作调整。

关于脚手架高度确定的争议案例

某实验室配套工程，资金来源为财政资金，发包人采用直接发包方式，确定由某劳务公司负责承建。2020 年 8 月签订的劳务合同显示，工程采用工程量清单计价方式，合同价格形式为单价合同，竣工结算时发生计价争议。

一、争议事项

本工程 1 号科研楼高 15 层，设计要求在标高＋56.60m 的天面以上外围四周设置厚 0.2m、高 3m 的钢筋混凝土墙围护结构，按业主审批的脚手架施工方案，地下室顶板顶至 8 层顶标高采用落地外脚手架，8 层顶标高以上采用悬挑脚手架，搭设高度至天面钢筋混凝土墙围护结构顶（标高＋59.60m）上1.5m。"地上外架搭拆劳务费"清单的工程量计算规则为"外墙外边线×建筑物高度计算（建筑物高度按《广东省房屋建筑与装饰工程综合定额 2018》计算规则计算）"，现发承包双方就建筑物高度的确定产生争议。

二、双方观点

发包人认为，根据定额附录一"建筑物超高增加人工、机具"说明，建筑物高度应从室外地坪标高计算至屋面檐口标高＋56.6m。

承包人认为，高出天面标高 3m 钢筋混凝土剪力墙属于外墙，外墙脚手架均从地下室顶板开始搭设，即计算脚手架搭拆的建筑物高度应从地下室顶板标高起计算至外墙滴水线标高＋59.6m 处。

三、我站观点

地上外架搭拆劳务清单涉及的是脚手架工程，合同清单约定的工程量计算规则指明"建筑物高度执行《广东省房屋建筑与装饰工程综合定额 2018》规定"，则表示双方约定建筑物高度为该定额规定的脚手架计算高度。故依据该定额 A.1.21 脚手架工程章的工程量计算规则，外脚手架从地下室顶板面搭设的，则应以地下室顶板标高作为计算起点，算至外墙的顶面。天面外围四周钢筋混凝土墙围护结构属于外墙，其建筑物高度计算从地下室顶板面算至天面外围四周钢筋混凝土墙围护结构顶面高度（标高＋59.6m）。

关于塔楼排水管单价能否
执行地下室单价的争议案例

某住宅工程，资金来源为企业资金，发包人采用邀请招标方式，确定由某建筑公司负责承建。2022 年 5 月签订的施工总承包合同显示，工程采用工程量清单计价方式，合同价格形式为单价合同，合同履行时发生计价争议。

一、争议事项

本工程招标时机电部分对同一清单划分地下室与塔楼分别列项，由于"机制铸铁排水管"的清单项在地下室开列，但是在塔楼则未开列，实际施工时塔楼需安装铸铁排水管，现发承包双方就塔楼铸铁排水管是否执行地下室"机制铸铁排水管"清单综合单价产生争议。

二、双方观点

发包人认为，塔楼部分铸铁排水管安装方式与地下室一致，可参考地下室"机制铸铁排水管"清单综合单价执行。

承包人认为，地下室铸铁排水管采用法兰连接，其施工安装做法简单，塔楼的卫生间、厨房及阳台排水立管采用橡胶圈密封 W 型不锈钢卡箍连接，两者的接口和配件不同，应根据合同专用条款第 10.4.1.1 条工程变更中工程量清单没有类似和适用的价格进行计算。

三、我站观点

招标工程量清单机电部分采用同一清单划分地下室与塔楼分别列项的设置方式，表明招标人对同一清单在地下室与塔楼部位不同要求投标人分别报价且允许其报价可以是不一致的，因此塔楼的铸铁排水管安装在招标工程量清单未列项，属于工程量清单缺漏项。另外，来函相关资料显示，地下室

"机制铸铁排水管清单"项目特征描述中连接形式为橡胶圈密封不锈钢卡箍连接，与塔楼的铸铁排水管连接形式是一致的，但所安装部位和管件含量及所采取的施工措施不同，结合上述招标清单的设置方式，地下室"机制铸铁排水管"清单综合单价不适用于塔楼铸铁排水管，故可根据合同专用条款第1.13.2条工程量清单缺项漏项事件处理的约定确定塔楼铸铁排水管安装清单单价。

关于钢筋连接能否按措施费包干的争议案例

某产业园工程，资金来源为企业资金，发包人采用公开招标方式，确定由某建筑公司负责承建。2020年12月签订的施工总承包合同显示，工程采用工程量清单计价方式，合同价格形式为单价合同，合同履行时发生计价争议。

一、争议事项

招标时，发包人在模拟清单的单价措施项目中开列了"钢筋混凝土措施费"清单项，按项包干，同时在分部分项工程中开列了"机械连接"、"焊接连接（电渣压力焊）"清单项，按个计算。但合同约定本项目措施钢筋为包干项目，并明确以下各项附加钢筋及钢筋接头工程量以"措施钢筋"形式列入措施项目中：a) 钢筋接头［任何形式的绑扎钢筋量］，以 t 为单位；电渣压力焊接头，以"个"为单位；套筒锥形螺栓接头，以"个"为单位；b) 所有马凳、垫铁（分隔筋）等因施工需要而采取的措施钢筋量，以 t 为单位……。现发承包双方就钢筋机械接头、焊接接头、钢筋搭接是含在钢筋混凝土措施费中按项包干还是在分部分项工程费中单列计算产生争议。

二、双方观点

发包人认为，合同已明确约定钢筋绑扎、焊接及机械连接钢筋量以措施钢筋形式列入措施项目中包干，不再单独计算接头及搭接费用。

承包人认为，招标清单编制说明中明确措施筋含马凳筋、梁垫铁综合考虑，列入措施项目中，按项包干，又在分部分项工程中对机械接头、焊接接头进行了列项，因此承包人对钢筋接头及搭接在相应的清单中均有报价。合同约定的仅为措施钢筋包干项目，实体结构受力的钢筋接头及搭接工程量应在对应的清单项中计算费用。

三、我站观点

合同约定本项目措施钢筋为包干项目，并对列入包干范围的各项附加钢筋及钢筋接头工程量进行了明确。但本工程招标时未提供完整施工图纸，投标人在投标报价时无法准确计算钢筋搭接的工程量综合考虑在按项包干的措施钢筋中，且发包人在招标清单编制说明中明确最高投标限价中措施筋仅含马凳筋、梁垫铁，未执行该合同约定的措施钢筋包干范围，同时在分部分项工程中开列了"机械连接""焊接连接（电渣压力焊）"清单项，导致模拟清单列项与合同约定存在矛盾，承包人对此也没提出质疑，双方均存在责任，建议双方梳理招标清单与合同约定矛盾产生的差额，厘清责任，协商分摊。

关于垂直运输高度是否按最高檐口高度确定的争议案例

某厂房工程，资金来源为企业资金，发包人采用邀请招标方式，确定由某建筑公司负责承建。2022 年 3 月签订的施工总承包合同显示，工程采用工程量清单计价方式，综合单价依据《广东省建设工程计价依据 2018》编制的施工图预算组价确定，合同价格形式为总价合同，施工图预算审核时发生计价争议。

一、争议事项

本工程为高层丙类生产厂房，地上建筑主体以伸缩缝为界划分为 7 层高度与 14 层高度，其中 7 层高的生产区檐口高度为 39.5m，14 层高的生产区檐口高度为 73.1m，现发承包双方就垂直运输费用计价统一套用 14 层檐口高度定额子目，还是按不同檐口高度所对应的步距分别套用相应的定额子目产生争议。

二、双方观点

发包人认为，高低建筑物之间设置了伸缩缝，且现场根据建筑物高度分别布置了两台不同高度的塔吊进行吊装作业，故应参考定额中裙楼与塔楼垂直运输计算的划分方式，以伸缩缝为分界线，按 7 层高度与 14 层高度的不同步距分别计算垂直运输费用。

承包人认为，根据 2018 房建定额说明"一幢建筑物中有不同的高度时，除另有规定外，按最高的檐口高度套同一步距计算"，本厂房框架结构构造是一体设计及施工，属于一幢建筑物，应按最高的檐口高度套同一步距计算垂直运输费用。

三、我站观点

我站认为，定额说明"一幢建筑物中有不同的高度时，除另有规定外，按最高的檐口高度套同一步距计算。"适用于在常规施工方案下采用的垂直运输设备差异不大，或者同一运输设备可以满足不同建筑物高度的垂直运输需要的情形。定额说明"裙楼与塔楼工程，裙楼按设计室外地坪至裙楼檐口高度计算垂直运输，塔楼按设计室外地坪至塔楼檐口高度计算垂直运输。"适用于建筑物高度相差较大，常规施工方案往往会考虑设置不同规格型号的设备满足垂直运输需要以保证经济合理。查阅本工程的施工图纸，生产厂房地上建筑主体划分为 7 层高度与 14 层高度，两者高度相差比例较大，且平面长度方向 7 层为 41m、14 层为 64m，在施工方案上垂直运输设备在最大提升高度、回转半径等主要技术参数选择配置均相差多个规格以满足经济合理的要求，故应按不同层数计算各自建筑面积，分别套用相应檐口高度的垂直运输定额子目计价。

关于边坡脚手架综合单价
能否调整的争议案例

某边坡整治工程，资金来源为财政资金，发包人采用公开招标的方式，确定由某建筑公司负责承建。2021年2月签订的施工总承包合同显示，工程采用工程量清单计价方式，合同价格形式为单价合同，合同履行时发生计价争议。

一、争议事项

本工程边坡整治总宽度约800m，最大高度约125m，坡度为60°～80°。招标时脚手架工程列入非竞争项目的绿色施工安全防护措施费，并要求投标人按招标工程量清单开列的双排及三排脚手架清单项目及金额填列；对此，招标答疑过程中投标人提出本工程脚手架为危大工程，未来是否根据实际方案内容按广东省定额重新组价，发包人回复"由投标人根据招标文件自行综合考虑，合同另有约定的除外"。施工时脚手架编制专项方案采用沿山坡面搭设三排脚手架及加宽操作平台的方式反搭设，脚手架固定采用钢管锚杆锚入岩体，端部与立杆双扣件连接的锚固拉结，因其属于超一定规模的危险性较大分部工程，发承包双方依据相关规定组织专家论证并确定按专项方案施工。合同履行中，广东省建设工程标准定额站印发的"广东省建设工程定额动态调整的通知（第20期）"，对脚手架工程定额子目出具了解释和调整方法，承包人依据合同专用条款第25.3条"如广东省建设工程标准定额站对脚手架工程定额子目选用专业定额出具解释和调整方法的，则按此解释和调整方法计价后乘以中标下浮率确定结算单价"的约定提出相应调整脚手架综合单价。现发承包双方就脚手架工程综合单价能否调整产生争议。

二、双方观点

发包人认为，招标清单综合单价已考虑了边坡搭设脚手架相关因素，结算时不予调整。

承包人认为，广东省建设工程标准定额站印发了有关对脚手架工程定额子目解释和调整方法的通知，符合合同专用条款第 25.3 条的约定，故本项目三排脚手架工程费应按《广东省房屋建筑与装饰工程综合定额 2018》A1-21-3 综合钢脚手架搭拆子目乘以 1.5 计价，另应结合实际施工方案额外计取脚手架固定锚杆以及搭设操作平台所产生的相关费用。

三、我站观点

来函资料显示，边坡脚手架结算依据合同专用条款第 25.3 条约定属于可调整范围，应按经批准的专家论证通过的专项方案重新确定综合单价。因本工程为市政工程，双排及三排脚架应优先套用《广东省市政工程综合定额 2018》第一册"通用项目"综合脚手架定额子目，其三排脚手架及搭设高度大于 50.5m 综合脚手架为市政定额缺项，可参照《广东省房屋建筑与装饰工程综合定额 2018》定额动态解释相关内容计算。

关于岩石取样检测报告不同
能否调整价格的争议案例

某边坡整治工程，资金来源为财政资金，发包人采用公开招标的方式，确定由某建筑公司负责承建。2021年2月签订的施工总承包合同显示，工程采用工程量清单计价方式，合同价格形式为单价合同，合同履行时发生计价争议。

一、争议事项

本工程边坡整治施工分为三级边坡，第一级边坡是指最底下一级放坡位置，发包人编制的招标清单根据工程地质勘察报告岩石取样送检饱和单轴抗压强度平均值为12.8MPa，按边坡石方开挖方式分别开列一级边坡"机械破除石方"、二、三级边坡"静力爆破石方"清单项目。由于岩石饱和单轴抗压强度是指岩石在一定条件下能够抵抗垂直于其表面压力的能力即岩石的硬度，是岩石工程设计中评估岩石承载能力的重要指标，也是地质灾害评价中评估岩体稳定性的重要指标。故承包人进场后进行取样并分别送检到两家检测单位，得到岩石饱和单轴抗压强度平均值分别为151.2MPa、125 MPa，第一级边坡需采用静力爆破开挖，提出按"静力爆破石方"清单综合单价计价。现发承包双方就由于各自委托单位在第一级边坡岩石检测报告中的硬度不同，将采用不同施工方法而导致的价格变化产生争议。

二、双方观点

发包人认为，因工程地质勘察报告显示的岩石单轴抗压强度在软岩与较软岩之间，故第一级边坡需按"机械破除石方"清单综合单价计价，且各级边坡土石方开挖清单工程量比例与招标时一致，故需按照合同专用条款第六条27.5款的计算公式计价。

承包人认为，依据进场后取样检测报告中岩石饱和单轴抗压强度平均值分析，结合《广东省市政工程综合定额2018》岩石分类表判定应属于坚硬岩，需采用静力爆破开挖，应执行"静力爆破石方"清单综合单价，由此导致各级边坡土石方开挖清单工程量比例与招标不一致，故不能再按照合同专用条款第六条 27.5 款的计算公式计价。

三、我站观点

来函资料显示，虽然合同专用条款第六条 27.5 款对本工程各级边坡土石方清单工程量占土石方总工程量比例进行了约定，并明确结算时不因各级边坡土石方实际开挖方式及开挖土石方工程量实际所占比例而调整，但如果实际与约定比例差异较大导致继续按照原公式计算有失公允的，双方可协商调整。由于双方提供的检测报告显示岩石饱和单轴抗压强度差异极大，建议双方共同委托工程勘察机构重新取样送检，如果重新检测结果与发包人提供的工程地质勘察报告所揭示的岩石饱和单轴抗压强度差异较大的，双方再协商确定其结算原则。

关于不平衡报价能否按最高投标限价综合单价调整的争议案例

某设备采购工程，资金来源为财政资金，发包人采用公开招标方式，确定由某公司负责采购。2021年6月签订的采购合同显示，工程采用工程量清单计价方式，合同价格形式为单价合同，竣工结算时发生计价争议。

一、争议事项

本工程合同专用条款第23.3.1（六）条约定，投标报价中某一清单综合单价高于招标控制价中的同一清单综合单价为不平衡报价，合同履行期间出现不平衡报价事件，应将不平衡报价的综合单价按照招标控制价中的同一清单综合单价与中标价降幅系数相乘计算并进行调整。但由于招标时只公布了最高投标限价总额，未公布各项综合单价，结算过程中，发承包双方就中标综合单价是否按不平衡报价调整规则进行调整产生争议。

二、双方观点

发包人认为，合同专用条款第23.3.1（六）条已有约定，故应按合同约定调整不平衡报价的综合单价。

承包人认为，招标未公开每一细项综合单价，且合同协议书中约定综合单价包干，合同履行期间也未发生工程变更，故应按已通过审核的中标单价执行，不调整。

三、我站观点

我站认为，本工程招标文件和合同专用条款约定了不平衡报价的定义与调整方法，但招标文件仅公布了最高投标限价总额，未公布明细，同时承包人在招标答疑时也未对合同专用条款第23.3.1（六）条约定执行的可行性提出澄清的要求，双方均存在一定责任。由于该条款事关双方重大权益，建议双方本着风险合理分担的原则协商解决，如继续按合同约定对不平衡报价的综合单价调整时应在保持中标合同总价不变的前提下，通过中标单价进行余额分配的调整。

关于回填种植土工程量
能否按松方计算的争议案例

某园林绿化工程，资金来源为财政资金，发包人采用公开招标方式，确定由某公司负责承建。2021 年 6 月签订的施工合同显示，工程采用工程量清单计价方式，合同价格形式为单价合同，竣工结算时发生计价争议。

一、争议事项

本工程原土质为建筑垃圾，需要换填为种植土，种植土回填工程量清单特征描述为种植土达到设计要求且满足植物成活。施工中承包人与供土方按运土车辆的运输方量计算种植土数量，结算时发包人提出运输方量为松方应折算为实方计算回填种植土清单工程量，发承包双方就种植土回填清单工程量计算是按松方还是按实方计算产生争议。

二、双方观点

发包人认为，清单工程量计算规范中土石方的挖、推、铲、装、运体积均以天然密实体积计算，回填方按设计的回填体积计算，故运土车辆的运输方量为松方，需换算为天然密实体积确定清单工程量。

承包人认为，运输车上的种植土在装土时装土机械会分层整平轻压，故非松方，现场回填的种植土为松填方达不到天然密实方的程度，按验收规范允许偏差范围及定额计量规则，结算时清单工程量应按松方进行计算。

三、我站观点

园林绿化工程的验收规范对回填种植土的密实度有相应规定，故作为有经验的承包人应该知道实际回填量要大于设计图示尺寸体积。由于《园林绿化工程工程量计算规范》GB 50858—2013 中 050101009 "种植土回（换）填"的工程量计算规则为"以立方米计量，按设计图示回填面积乘以回填厚度以体积计算"，即回填清单的工程量采用满足验收规范、设计要求的实方计算，松方与天然密实方两者的差异应在其综合单价中考虑，因此本工程种植土应按设计图示尺寸计算体积作为回填工程量。

关于总承包人能否收取暂估价
项目总承包服务费的争议案例

某应急救援工程，资金来源为财政资金，发包人采用公开招标方式，确定由某建筑公司负责承建。2022 年 12 月签订的施工总承包合同显示，工程采用工程量清单计价方式，合同价格形式为单价合同，合同履行时发生计价争议。

一、争议事项

本工程合同文件明确，暂估价项目由总承包人负责招标。项目实施时，总承包人向发包人提交了暂估价项目招标方案和工程量清单，并明确暂估价项目中标人需向总承包人支付中标金额的 3% 作为总承包服务费。暂估价项目中标人进场施工后，发承包双方就总承包人能否收取暂估价项目总承包服务费发生争议。

二、双方观点

发包人认为，根据广东省定额说明，总承包服务费是总承包人为配合协调发包人进行工程分包并对分包单位进行管理服务所需的费用，本工程总承包人仅作为暂估价项目的招标人，不应收取 3% 的总承包服务费。

总承包人认为，在暂估价项目招标方案中已明确由中标人支付 3% 的总承包服务费并考虑在投标报价总价内，且在招标前该方案已报请发包人审核批复。在施工过程中，总承包人为暂估价项目也提供了包括临时设施、质量、安全、进度和验收管理在内的总承包服务，以及承担了因暂估价项目单位协调问题造成的工程缺陷修复工作。鉴于暂估价为不可竞争费用，总承包人在投标时并未计取相关管理服务费，故结算时应按暂估价项目计取 3% 的总承包服务费。

三、我站观点

合同已明确暂估价项目由总承包人作为招标人，在经发包人审批的招标方案与暂估价项目合同中均约定由中标人支付 3%的总承包服务费，且实施过程中总承包人按招标约定向暂估价项目中标人提供了相应服务，在结算时总承包人应向暂估价项目中标人收取总承包服务费。暂估价项目招标清单单独开列总承包服务费的，暂估价项目中标人据此与发包人结算并相应支付给总承包人；暂估价项目招标清单未单独开列总承包服务费的，因在招标时有明确约定，视为包含在暂估价项目合同价格中，暂估价项目中标人与发包人结算后应向总承包人另行支付暂估价项目的总承包服务费。

关于外墙涂料做法指引
理解不一致的争议案例

某学校工程，资金来源为企业资金，发包人采用公开招标方式，确定由某建筑公司负责承建。2022年12月签订的施工总承包合同显示，工程采用工程量清单计价方式，合同价格形式为总价合同，合同履行时发生计价争议。

一、争议事项

本工程外墙涂料清单项目特征描述为"W7外墙涂料，喷或滚刷外墙涂料二遍及底涂料一遍"，与施工图装修做法表勾选的W7外墙涂料一致。装修做法表中W7外墙涂料明确采用丙烯酸系列，但未标注颜色，在装修做法表一并勾选的W2外墙涂料做法中说明颜色见立面图标注，对应的立面图材料表标注为"米白色外墙涂料（石漆）"。发承包双方就外墙涂料按丙烯酸系列涂料还是真石漆计价产生了争议。

二、双方观点

发包人认为，对应的立面图材料表标注为石漆，则外墙涂料应采用真石漆而不是丙烯酸涂料，因施工图纸在中标前后并未发生改变，故合同总价不作调整。

承包人认为，装修做法表中W7外墙涂料采用丙烯酸系列涂料，而不是真石漆，若采用真石漆，应另行计取真石漆与丙烯酸系列涂料两种不同施工工艺的差价。

三、我站观点

来函资料显示装修做法表中外墙涂料采用外墙面表W7的施工做法，涂料为丙烯酸系列，外墙面表W2外墙涂料表仅指引涂料颜色见立面图材料表的"米白色"，而不是立面图标注的"石漆"做法，则在招标图纸与施工图纸未变更的情况下，承包人应采用丙烯酸系列涂料施工，但由于本工程是图纸包干的总价合同，故合同总价不作调整。

关于等待指令期间按窝工
还是停工计价的争议案例

某水供应工程，资金来源为国有资金，发包人采用公开招标方式，确定由某建筑公司负责承建。2017年7月签订的施工合同显示，工程采用工程量清单计价方式，合同价格形式为单价合同，竣工结算时发生计价争议。

一、争议事项

本工程招标图3号顶管工作井桩号K1+090，位于废轧钢厂内，轧钢厂内施工方式设计为埋管。因废轧钢厂征地尚未落实无法进场施工，发包人通过设计变更将轧钢厂内的埋管改为顶管，由于顶管设计路线变化，长度由512m变更为801.2m。承包人按设计变更实施顶管顶进249.5m时遇地下障碍物无法继续顶进，因其障碍物位于废轧钢厂内，无法进厂勘测和处理。等待发包人协调期间，承包人依据发包人要求顶管施工人员及机械原地待命，每天保持顶管的压浆工作，直至接到发包人发出撤场的指令为止。结算时发承包双方对协调期间的窝工费和机械租赁费用能否计价产生争议。

二、双方观点

发包人认为，根据合同专用条款第96.1款的其他事项（一）其他风险之（6）条"施工期间，非承包人原因，发包人或政府部门发布停工通知，经发包人及监理工程师确认，工期可相应顺延，发包人无须对相关费用和损失进行补偿或赔偿"约定，对承包人的索赔费用不予支持。

承包人认为，顶管施工遇到障碍物后，根据专题会议要求安排该段顶管工人和设备原地待命，以便随时等候建设单位的协调情况进场处理障碍物，因此在等待发包人与废轧钢厂协调沟通期间，承包方施工人员窝工及机械租赁费用，应按实际发生的数量和预算定额相应计价标准计算。

三、我站观点

来函资料显示，招标文件所附的本工程详勘报告揭示招标图3号顶管工

159

作井桩号 K1+090 不存在地下障碍物，设计变更后顶管路径发生了变化，处理障碍物产生的费用不属于投标报价要求所考虑的风险范围，且本争议事项的费用为顶管遇到障碍物后，因发包人原因导致承包人无法进入现场处理，按发包人要求原地等待指令期间为保持顶管施工机具处于正常施工状态而对顶管进行压浆所发生的人工费、窝工费、机械租赁及机械停滞费用，期间发包人并未因预见会与工厂协调未果而发出停工通知，属于窝工情形，不属于合同专用条款第 96.1 款约定的停工情形，故应按合同专用条款第 75 条现场签证事件的约定进行结算。

关于专项方案施工的顶管
降效费用如何计价的争议案例

某水供应工程，资金来源为国有资金，发包人采用公开招标方式，确定由某建筑公司负责承建。2017年7月签订的施工合同显示，工程采用工程量清单计价方式，合同价格形式为单价合同，竣工结算时发生计价争议。

一、争议事项

本工程顶管顶进过程遇到障碍物，承包人在发包人完成征地手续后进场勘查，其障碍物为钢筋混凝土灌注桩，沿线影响约180m。依据经审批且经专家评审通过的专项方案，采用支护开挖，同时为确保进度和顶管安全，采用边清障边顶进的方式完成顶管施工。结算时发承包双方就采用该施工方案的降效费用能否计价产生争议。

二、双方观点

发包人认为，根据合同专用条款第96.1款其他事项（一）其他风险之（6）条"施工期间，非承包人原因，发包人或政府部门发布停工通知，经发包人及监理工程师确认，工期可相应顺延，发包人无须对相关费用和损失进行补偿或赔偿"约定，对承包人的费用索赔不予支持。

承包人认为，3号顶管工作井顶管段属于设计变更，顶管路线发生变化，原招标时的地质勘察资料不再适用，出现地下障碍物后需处理和影响的费用不属于承包人承担的风险范围。由于采用边清障边顶管方案的施工效率远低于正常效率，故变更段顶管应按实际耗用的机械设备和人工量调整投标综合单价，并调整结算费用，同时计算为防止已顶管段抱死而压浆润管所增加的费用。

三、我站观点

来函资料显示，承包人按设计变更通知采用顶管施工时，遇到障碍物后该段顶管依据经审批的专项方案，采用支护开挖并边清障边顶进的方式施工，属于施工方式变更，存在实际施工的地质情况与招标时不一致的情形，超出了投标报价所能考虑的风险范围，由此导致招标时基础条件已发生实质性变化，故其投标综合单价已不再适用该段顶管计价，发承包双方应依据专用条款第56条工程变更及第72条工程变更事件的约定原则，按经审批的专项方案，测算实际工效与施工成本重新确定该段顶管清单综合单价进行结算。

关于新增支架安装工程是否为
合同总价包干范围的争议案例

某市政工程，资金来源为财政资金，发包人采用公开招标方式，确定由某建筑公司负责承建。2017 年 6 月签订的施工合同显示，工程采用工程量清单计价方式，合同价格形式为总价合同，竣工结算时发生计价争议。

一、争议事项

本工程施工期间发包人向承包人下发了增加综合管沟支架安装工程的委托函，并依此增加内容发承包双方签订了补充协议（二），协议合同价款暂定，最终以结算评审为准，结算时发承包双方就此增加的支架安装工程是否包含在原合同总价包干范围内产生争议。

二、双方观点

发包人认为，合同约定总价包干，管道支架工程属于合同包含范围，结算时不应计算。

承包人认为，合同约定的总价包干是基于招标图及招标范围进行的总价包干，而综合管沟支架安装工程是施工期间出图后由发包方另行委托的合同外施工内容，应予按实结算。

三、我站观点

来函显示，根据招标文件、招标答疑等资料显示，综合管沟内的管道支架安装工程不在合同施工范围内，故综合管沟支架安装工程属于工程变更，其费用应按双方签订的补充协议（二）相关约定予以结算。

关于留守防护保护费用是否在措施费包干范围内的争议案例

某市政工程，资金来源为财政资金，发包人采用公开招标方式，确定由某建筑公司负责承建。2016年4月签订的施工合同显示，工程采用工程量清单计价方式，合同价格形式为总价合同，竣工结算时发生计价争议。

一、争议事项

本工程招标文件、施工合同约定的承包范围为标段内两个路段内的地下空间和市政道路路面工程，施工过程中主体道路工程完成后，局部地下工程区域因发包人不能交付承包人施工，列入缓建工程，根据要求承包人编制了缓建期间的"留守方案"，经监理单位批准后，双方签订了补充协议（二）。协议约定缓建工程开工时间以甲方书面指令为准，实际留守时期约550天。结算时发承包双方就缓建工程留守期间发生的防护保护费是否在措施费总价包干范围内产生争议。

二、双方观点

发包人认为，留守期间发生的防护保护费属于措施费用，根据合同专用条款第73.3条约定，措施费总价包干不予调整，故留守期间发生的防护保护费不予计取。

承包人认为，合同专用条款第73.3条是针对招标文件、招标图纸、工程量清单总价包干的内容。缓建工程留守期间按建设、监理单位批复的防护、应急处理方案实施，不属于专用条款第73.3条约定的包干范围，应按通用条款第35.4条"因发包人的原因造成暂停施工且引起工期延误的，承包人有权要求发包人增加由此发生的费用和（或）顺延工期，并支付合理利润"约定，按实计算缓建工程留守期间增加的措施费用。

三、我站观点

来函资料显示，缓建工程属于非承包人原因造成，其留守费用不属于合同专用条款第73.3条约定的措施费"按招标提供的招标文件（含招标答疑）、招标图纸、工程量清单总价大包干"的内容和范围，且补充协议（二）对留守费用计价已有约定，故应按发承包双方签订的补充协议（二）的约定结算。

关于物价波动价差计算方法的争议案例

某市政工程，资金来源为财政资金，发包人采用公开招标方式，确定由某建筑公司负责承建。2016 年 3 月签订的施工合同显示，工程采用工程量清单计价方式，合同价格形式为总价合同，竣工结算时发生计价争议。

一、争议事项

本工程合同专用条款第 76.3（2）条约定"主要材料（钢材、水泥、商品混凝土、铜材）上涨或下降超过 10％（含 10％）给予调整，调整方法：按照合同工程发生的上述主要材料的数量和合同履行期与基准日期相应价格或单价对比的价差的乘积计算"，竣工结算时发承包双方就主要材料上涨或下降超过 10％时价差调整是否剔除 10％以内的风险费用产生争议。

二、双方观点

发包人认为，主要材料合同履行期价格相对于基准价格上涨或下降超过10％（含 10％）时，仅对超出 10％以外部分计算价差，风险幅度在 10％以内的风险费用则由承包人承担或受益。

承包人认为，合同约定调差范围内的材料只要上涨或下降超过 10％（含10％）时，10％以内及以外的均应给予计算材料价差。

三、我站观点

依据来函资料显示，合同专用条款不仅约定前述四种材料涨跌超过 10％（含 10％）给予调整，也明确了其调整方法按可调价差材料的数量和合同履行期与基准日期相应价格或单价对比的价差乘积计算，因此其价差调整不剔除10％以内的费用。

关于第三方检测费能否纳入预算的争议案例

某慢行系统工程，资金来源为财政资金，发包人采用公开招标方式，确定由某联合体负责承建。2021 年 6 月签订的工程总承包合同显示，工程采用工程量清单计价方式，综合单价依据《广东省建设工程计价依据 2018》编制施工图预算组价确定，预算编审时发生计价争议。

一、争议事项

本工程以建安工程费、设计费、工程保险费的概算金额设定招标上限后作为招标控制价，概算中第二类工程建设其他费开列了"检验监测费"项目，包含基础监测费、周边房屋监测费、焊缝检测等相关检测费用。合同专用条款第 14.4 款约定"本项目的第三方检测等所有检测费用由承包人承担，已包含在合同总价中，发包人不另行支付。"发承包双方就第三方检测费用是否纳入预算发生争议。

二、双方观点

发包人认为，第三方检测费用按合同约定已经包含在建安工程费内，预算不再另行计取。

承包人认为，第三方检测费用按照合同约定包含在合同总价中，施工图预算应将其计入其他项目费或单列检测项目计取。

三、我站观点

第三方检测一般包含施工单位因自检需要聘请第三方检测机构进行相关检测和建设单位因验收需要聘请第三方检测机构进行相关检测。本工程采用定额为依据编制预算，《广东省建设工程计价依据 2018》已考虑了施工单位因自检需要发生的第三方检测费用，故按定额规则编制建安工程费用预算时无须另行计算该类第三方检测费用。而建设单位因验收需要发生的第三方检测费用，根据《建设工程质量检测管理办法》（住建部令第 57 号）规定应由建设单位负责，则可按照《广东省建设工程概算编制办法 2014》列入工程建设其他费用计算。本工程概算在工程建设其他费开列了"检验监测费"项目，且概算作为最高投标限价，表明最高投标限价已经包含了建设单位需要承担的第三方检测费用。招标文件要求承包人需要承担第三方检测等所有检测费用，则承包人相应要承担应由建设单位负责的第三方检测费用。因承包人是针对最高投标限价即概算价进行投标报出下浮率，故工程建设其他费用如发生由中标人负责实施的费用也应相应下浮计算支付给中标人。综上所述，施工单位因自检需要聘请第三方检测机构进行相关检测的费用，考虑在建安工程费用中，按定额规定计算；建设单位因验收需要聘请第三方检测机构进行相关检测的费用，考虑在工程建设其他费用中，如需承包人承担的，按概算工程建设其他费用相应开列检验监测项目费用下浮计算，列入合同总价。

关于大型支撑下凿石预算定额选用的争议案例

某地下电力管廊工程，资金来源为企业资金，发包人采用公开招标方式，确定由某公司负责承建。2021 年 8 月签订的工程总承包合同显示，工程合同价格形式为单价合同，采用工程量清单计价方式，综合单价依据《广东省建设工程计价依据 2018》各专业定额编制预算组价确定，预算编审时发生计价争议。

一、争议事项

本工程工作井基坑支护采用旋喷桩（袖阀管止水）＋灌注桩＋混凝土支撑或钢支撑的支护形式，基坑深度 6.3～15.147m，跨度均大于 7m，依据经审批的施工方案采用履带式单斗挖掘机（带液压镐）进行凿岩施工，属于大型支撑下凿岩开挖石方。双方对大型支撑下凿岩开挖石方预算编制依据的专业定额产生争议。

二、双方观点

发包人认为，本工程属性为市政工程，应按《广东省市政工程综合定额 2018》中凿岩机破碎岩石的相关子目（D1-1-92～D1-1-96）进行套价。

承包人认为，《广东省市政工程综合定额 2018》中的"凿岩机破碎岩石"相关子目使用机械为手持式风动凿岩机，与实际施工机械履带式单斗挖掘机（带液压镐）不符，且没有考虑在大型支撑下基坑凿石的施工降效、排水、凿岩机械上下井和石渣提升须使用吊车等因素，属于定额缺项。根据合同约定可以参考其他相关定额，而《广东省城市地下综合管廊工程综合定额 2018》中的"大型支撑下凿石"相应子目（G1-1-126～G1-1-130）与本工程施工机械和施工条件相符，应予借用。

三、我站观点

双方提交的相关资料显示，本工程大型支撑下的石方开挖依据经审批的施工方案采用挖掘机带液压破碎锤的静态破碎施工工艺，查询现行的市政、房建定额均无相关子目，属于定额缺项。合同专用条款第 14.1.1.2.2 款约定，本工程的计价文件和计价依据执行《广东省建设工程计价依据 2018》，以上计价文件和计价依据未包含的参考其他相关定额和省、市、区造价管理文件。虽然本工程的石方开挖并非是地下综合管廊工程主体结构部分的石方，但在大型支撑下开挖石方的施工条件及作业环境与《广东省城市地下综合管廊工程综合定额 2018》的"大型支撑下凿石"子目较为相似，因此建议发承包双方参考《广东省城市地下综合管廊工程综合定额 2018》中的"大型支撑下凿石"（G1-1-126～G1-1-130）子目进行计价。

关于沟槽及基坑石方开挖预算定额选用的争议案例

某地下电力管廊工程，资金来源为企业资金，发包人采用公开招标方式，确定由某公司负责承建。2021 年 8 月签订的工程总承包合同显示，工程合同价格形式为单价合同，采用工程量清单计价方式，综合单价依据《广东省建设工程计价依据 2018》各专业定额编制预算组价确定，预算编审时发生计价争议。

一、争议事项

本工程沟槽支护采用放坡＋喷射混凝土或灌注桩＋支撑的支护形式，沟槽底宽≤7m 且底长＞3 倍底宽，沟槽深度 3.219～13.828m。基坑支护采用多级放坡＋喷射混凝土的支护形式，底面积＞150m^2，基坑深度 18.776m。沟槽及基坑石方开挖依据经审批的施工方案采用履带式单斗挖掘机（带液压镐）进行凿岩施工，双方对沟槽、基坑石方开挖预算编制依据的专业定额产生争议。

二、双方观点

发包人认为，本工程属性为市政工程，根据合同约定应按《广东省市政工程综合定额 2018》中凿岩机破碎岩石的相关子目（D1-1-92～D1-1-96）进行套价。

承包人认为，《广东省市政工程综合定额 2018》中的"凿岩机破碎岩石"相关子目使用机械为手持式风动凿岩机，与实际施工机械履带式单斗挖掘机（带液压镐）不符，且没有考虑在沟槽下凿石的施工降效，属于定额缺项，根据合同约定可以参考其他相关定额，而《广东省城市地下综合管廊工程综合定额 2018》中的"液压锤破碎石方"相应子目（G1-1-189～G1-1-193）乘以系数 1.30 与本工程施工机械和施工条件相符，应予借用。

三、我站观点

双方提交的相关资料显示，本工程沟槽及基坑石方开挖采用挖掘机带液压破碎锤的静态破碎施工工艺，查询现行的市政、房建定额均无相关子目，属于定额缺项。合同专用条款第 14.1.1.2.2 款约定，本工程的计价文件和计价依据执行《广东省建设工程计价依据 2018》，以上计价文件和计价依据未包含的参考其他相关定额和省、市、区造价管理文件。本工程沟槽及基坑石方的开挖方式、施工工艺、施工条件和作业环境与《广东省城市地下综合管廊工程综合定额 2018》的"液压锤破碎石方"子目较为相似，因此建议发承包双方参考《广东省城市地下综合管廊工程综合定额 2018》中的"液压锤破碎石方"定额（G1-1-189～G1-1-193）子目进行计价，当遇到破碎坑、槽岩石时，相应子目按照定额规定乘以系数 1.30 调整。

关于灌注桩混凝土充盈系数能否按实计算的争议案例

某文化旅游科技产业工程，资金来源为企业资金，发包人采用公开招标方式，确定由某建筑公司负责承建。2019年4月签订的施工总承包合同显示，工程合同价格形式为单价合同，采用工程量清单计价方式，竣工结算时发生计价争议。

一、争议事项

本工程采用冲孔灌注桩，由于场地存在溶洞等复杂地质情况，造成实际混凝土灌注量大于承包人在投标时综合考虑的灌注量，发承包双方就灌注桩混凝土充盈系数能否按实计算产生争议。

二、双方观点

发包人认为，灌注桩清单项目特征描述为"充盈系数综合考虑在单价里面，如实际充盈系数与定额不一致时，综合单价也不再调整"，则说明实际灌注混凝土量在综合单价考虑，不另计算。

承包人认为，本工程地下存在大量斜岩、溶洞等不确定地质情形，招标时提供的地质勘察报告未能详细反映溶洞的分布与大小情况，造成了灌注桩实际的充盈系数过大，实际灌注混凝土量超出投标时综合单价考虑范围，应据实计算。

三、我站观点

本工程因地下有斜岩、溶洞等地质情形，造成实际混凝土灌注量大于理论工程量，由此导致的增加费用，建议发承包双方组织各方进行现场鉴定，界定现场实际施工情形。若是因处理溶洞的混凝土灌注量应在清单项目"桩基遇溶洞处理费"中计算；若是因土体松散等原因引起桩基混凝土充盈系数有差异的，其灌注桩的充盈系数在清单综合单价中综合考虑，不另计算；若因实际地质情况与投标时招标人所提供地质勘察报告有实质性变化，并造成承包人因进行地质处理导致实际灌注混凝土量增加的，则应由发承包双方按地质勘察报告实质性变化引起的费用差异进行计取。

关于设计变更引起的施工便道及
道路修复费是否应计取的争议案例

某水供应工程，资金来源为国有资金，发包人采用公开招标方式，确定由某建筑公司负责承建。2017年9月签订的施工合同显示，工程采用工程量清单计价方式，合同价格形式为单价合同，竣工结算时发生计价争议。

一、争议事项

本工程原设计至引水隧洞进口的进场道路因手续问题无法开辟使用，为保证施工的顺利开展，设计变更为取消引水隧洞口临时挡水围堰，增设水库底施工便道，利用每年水库枯水期6～8月组织施工，竣工结算时发承包双方对新增水库底便道及枯水期组织施工时产生的道路修复费计取产生争议。

二、双方观点

发包人认为，根据施工合同专用条款第96.1条其他风险之（4）约定"为保证施工所需的陆上临时便道（水上临时便桥）的修建、拆除及因施工所需的现有海堤路的管养、修复等费用无论是否包含在投标报价中，如施工期间临时道路（临时便桥）根据现状及相关部门要求需要调整，所发生费用不予以增加……"，该项费用应由承包人承担。且该变更涉及的仅为措施费增加，根据施工合同专用条款第68.2条合同价款的调整事件约定，此费用不予计取。

承包人认为，设计变更取消原设计围堰工程、增加双方共同确定的水库底临时道路，每年进入枯水期后临时道路的修复等相关费用应按实计算。

三、我站观点

发包人取消了引水隧洞口临时挡水围堰，导致承包人只能在每年水库枯水期6～8月组织施工，施工条件与投标前发生较大变化，影响了施工进度安排和施工组织方案，属于发包人原因引起的重大变更，超出了有经验的承包人所能遇见的范围，由此改变了合同专用条款第96.1条其他风险约定的基础，故应按经发包人批准的施工方案计算增加的水库底临时道路费用和每年进入枯水期后临时道路的修复维护等相关费用。

关于更换信息价依据能否
计取材料运输费的争议案例

某水供应工程，资金来源为国有资金，发包人采用公开招标方式，确定由某建筑公司负责承建。2017年9月签订的施工合同显示，工程采用工程量清单计价方式，合同价格形式为单价合同，竣工结算时发生计价争议。

一、争议事项

补充协议（4）第一条第2.1款约定，双方达成一致，在项目结算时，对投标清单综合单价"水泥、砂石、混凝土"制品的价格信息由选用项目所在市信息价格调整为项目所在区信息价格，而区信息价格说明显示未含材料运至施工现场的费用，竣工结算时发承包双方对采用区材料价格信息是否计算材料运输费产生争议。

二、双方观点

发包人认为，承包人在投标阶段已获取工程地点等相关项目信息，根据施工合同专用条款第96.1条（一）其他风险之（9）约定"投标前承包人应实地考察现场……⑫土石方及商品混凝土的运距按发包人所给运距不予调整"，承包人投标报价时应在投标综合单价里面综合考虑工程用材料相关运输费用。

承包人认为，由于发布的市信息价与区信息价包含内容不同，按公平合理原则（补充协议已改变原合同上述约定），按区材料价格信息价计算时，应按材料实际运输距离给予增加计算运输费，且实际在采购材料时已支付运距费用。

三、我站观点

根据补充协议（4），材料价格选用由招标时约定的按项目所在市发布的信息价改为按项目所在区发布的信息价，并同步对中标清单综合单价进行调整，由于项目所在区发布的信息价格明确未含材料运输费，则结算时中标清单综合单价调整计取材料价格时，应按材料价格费用组成规则增加计算运输费。

关于装配式建筑垂直运输计量计价的争议案例

某厂房与配套工程，资金来源为财政资金，发包人采用公开招标方式，确定由某建筑公司与某设计公司组成的联合体负责承建。2022 年 6 月签订的工程总承包合同显示，工程合同价格形式为总价合同（暂定，结算价按批复施工图预算价乘中标费率加可调整造价确定），采用工程量清单计价方式，综合单价依据现行定额编制预算组价确定，预算编审时发生计价争议。

一、争议事项

本工程为工业厂房，第 1～13 栋区域地下室采用现浇混凝土结构，地上建筑主体结构梁、板均采用预制装配式结构（其中卫生间为现浇混凝土结构），预制装配率为 64.69%。装配式预制构件设计采用大跨度预应力双 T 板、梁组合模式，单个预制构件重量 6～9t，吊装设备采用起重力矩 6000kN·m 的自升式塔式起重机。发承包双方对垂直运输工程量、定额子目内的吊装机具费系数和自升式塔式起重机型号规格能否调整产生争议。

二、双方观点

发包人认为，根据《广东省房屋建筑与装饰工程综合定额 2018》装配式混凝土结构、建筑构件及部品工程章说明第二条"本章垂直运输费不单独计算，含在措施项目中的垂直运输费内，考虑到预制混凝土构件吊装的因素，垂直运输相关定额子目内的塔吊、卷扬机机具费应乘以系数 1.20"约定，故本工程垂直运输工程量应按现浇构件与预制构件体积之比区分现浇构件与预制构件，其中预制构件部分垂直运输相关定额子目内的吊装机具费均应乘以系数 1.20，现浇构件按定额规定计算，定额子目内的自升式塔式起重机起重型号规格不调整。

承包人认为，塔吊配置按整体项目地上地下全覆盖使用原则通盘考虑，配置重型自升式塔式起重机起重力矩 6000kN·m；塔吊设备投入使用时间贯穿项目施工全过程，并未因起重配置大而缩短使用周期时间。故地下地上现浇混凝土部分垂直运输相关定额子目内的吊装机具费均应乘以系数 1.20，定额子目内的自升式塔式起重机起重力矩 1000kN·m 调整为定额可换算的最大力矩 5000kN·m。

三、我站观点

《广东省房屋建筑与装饰工程综合定额 2018》装配式混凝土结构、建筑构件及部品工程章说明第二条规定是考虑装配式建筑在施工机械配置上需要根据装配式构件、部品部件的尺寸及重量合理设置吊装机械，吊装机械的规格和使用时间要大于传统现浇建筑，因此在传统现浇建筑按建筑面积计算垂直运输费用的基础上，采用系数调整垂直运输定额子目内的塔吊、卷扬机机具费方式进行计价以补充装配式建筑增加的吊装费用，故本工程垂直运输费工程量不需要区分现浇与预制部分，应按全部建筑面积计算，执行相应的垂直运输定额子目时，定额子目的内塔吊、卷扬机机具费均应乘以系数 1.20，并且垂直运输相关定额中的机械配置是综合取定的，实际情况与定额不同时，均不作调整。

关于建设规模内容等发生变化能否
调整咨询服务费的争议案例

某公建项目，资金来源为财政资金，发包人采用公开招标方式，确定由某咨询公司负责全过程造价咨询服务。2019 年 11 月签订咨询服务合同，合同履行时发生计价争议。

一、争议事项

招标文件及咨询合同显示咨询服务的工程主体部分为两馆一场及配套运营商业功能空间等，建设规模为总建筑面积约 9.19 万平方米，项目投资估算约 256407.58 万元。服务内容为提供从投资估算至工程结算审核备案完成的全过程造价咨询服务，咨询合同约定最终服务费结算价不超过签约合同价。在咨询服务过程中，因委托人建设方案调整，增加训练馆，两馆一场调整为三馆一场，配套设施增加下穿隧道工程等，总建筑面积调整为 20.53 万平方米，项目总投资调整为 299959.45 万元。现委托人与咨询人就建设规模和工程内容变化后能否调整咨询服务费产生争议。

二、双方观点

委托人认为，根据《咨询服务合同》第二十四条 24.1.1 款约定，本项目咨询服务费最终结算价不超签约合同价，咨询人以建设规模增加为由申请增加咨询服务费缺乏合同依据。

咨询人认为，由于本工程建设方案调整，建设规模、总投资均发生了重大变化，其建筑面积增加 11.34 万平方米，项目总投资增加 43551 万元，应依据《中华人民共和国民法典》第 533 条、第 543 条相关规定调整咨询服务费。

三、我站观点

来函资料显示，本项目《咨询服务合同》第二十四条 24.1.1 款（一）仅约定"如项目工作范围发生变更，由委托人与咨询人双方协商解决"，但未对咨询服务应承担的风险范围以及超出风险范围时调整费用的方法进行约定。在合同履行期间，因委托人调整建设方案，其建筑规模、工程内容、总投资均发生了重大变化，属于招标定价时双方无法预见的变化情形，由此导致咨询服务费增减的应予调整，故合同双方可以通过索赔补偿方式协商解决。

关于整改增加的临时排水能否计价的争议案例

某水供应工程，资金来源为国有资金，发包人采用公开招标方式，确定由某建筑公司负责承建。2017年9月签订的施工合同显示，工程采用工程量清单计价方式，合同价格形式为单价合同，竣工结算时发生计价争议。

一、争议事项

本项目设计隧洞断面小，地面运输宽度受限，隧洞开挖大型施工机械来回行驶碾压原设计排水沟，造成排水沟破坏，导致隧洞内水流无法集中排放。省安委办在2021年9月27日检查时对此提出整改，参建各方共同研讨制定了在隧洞内增加管道临时排水方案，即在两个错车道位置各设置一个集水坑，采用抽水泵和PVC排水管将洞内大部分流水由集水井收集后沿管道排放至洞外。竣工结算时发承包双方对隧洞内增加管道临时排水费用是否应计取产生争议。

二、双方观点

发包人认为，根据施工合同专用条款第96.1条（一）其他风险之（8）约定"隧洞降排水费用由承包人自行承担，承包人在报价时综合考虑"，故管道临时排水费用不予计算。

承包人认为，隧洞内增加管道临时排水工程为根据省安委办要求，且实际已按审定的整改方案实施，故该方案增加的费用应按确认的工程量给予结算。

三、我站观点

虽然承包人已根据省安委办要求，按照管道临时排水方案进行了整改，但本次整改若是因承包人现场管理不善造成的，或是因承包人施工组织设计的排水方案缺陷造成的，由此增加的管道临时排水工程费不予计量计价。

关于土壤类别确定的争议案例

某宿舍楼工程，资金来源为企业资金，发包人采用邀请招标方式，确定由某建筑公司与勘察、设计公司组成的联合体负责承建。2020 年 8 月签订的工程总承包合同显示，工程合同价格形式为单价合同，采用工程量清单计价方式，综合单价依据《广东省建设工程计价依据 2018》编制的施工图预算组价确定，预算编审时发生计价争议。

一、争议事项

本工程地勘报告"土工试验分层统计表"显示，淤泥质粉砂平均含水率 42.2%、液限 38.88%、孔隙比 1.092，淤泥质土平均含水率 53.28%、液限 44.56%、孔隙比 1.383。基坑土方大开挖执行定额时，发承包双方就淤泥质粉砂、淤泥质土在定额中对应的土壤类别产生争议。

二、双方观点

发包人认为，依据《广东省房屋建筑与装饰工程综合定额 2018》（以下简称"2018 房建定额"）A.1.1 章说明"淤泥为在静水或缓慢的流水环境中沉积，并经生物化学作用形成，其天然含水量大于液限、天然孔隙比≥1.5 的黏性土，外观上呈流塑状态"，本工程地勘报告中淤泥质粉砂及淤泥质土的孔隙比均小于 1.5，属于一、二类土。

承包人认为，2018 房建定额 A.1.1 章说明"干土、湿土的划分：首先应以地质勘测资料为准，含水率＜25% 为干土，含水率≥25% 且小于液限为湿土"，但未明确含水率大于液限的湿土如何计价。2018 房建定额未明确规定的，可参照《广东省市政工程综合定额 2018》（以下简称"2018 市政定额"）D.1.1 章说明"干土、湿土的划分：首先应以地质勘测资料为准，含水率＜25% 为干土，含水率≥25% 不超液限的（超液限为淤泥）为湿土"的规定，本工程淤泥质粉砂、淤泥质土的平均含水率均大于 25% 且超过了液限，应按淤泥考虑。

三、我站观点

本宿舍楼工程属于房屋建筑工程，淤泥质粉砂、淤泥质土的土壤类别应按 2018 房建定额的规定，按一、二类土执行。

关于钢管桩执行定额子目的争议案例

某宿舍楼工程，资金来源为企业资金，发包人采用邀请招标方式，确定由某建筑公司与某勘察、设计公司组成的联合体负责承建。2020 年 8 月签订的工程总承包合同显示，工程合同价格形式为单价合同，采用工程量清单计价方式，综合单价依据《广东省建设工程计价依据 2018》编制的施工图预算组价确定，预算编审时发生计价争议。

一、争议事项

本工程基坑支护设计总说明要求，钢管桩的施工工序为"超前钢管需采用直径 168mm 钻机成孔，成孔后再采用 42.5R 普通水泥，按水灰比 0.50 配制的水泥浆（或砂浆）灌浆填满，再插入钢管 $\phi140 \times 4.5$"。发承包双方就钢管桩执行定额子目产生争议。

二、双方观点

发包人认为，钢管桩应执行《广东省房屋建筑与装饰工程综合定额 2018》（以下简称"2018 房建定额"）"A1-3-125 钻孔灌注微型桩""A1-5-99 钢管（锚杆、土钉、微型桩）制安"定额子目，钢管焊接接桩及钢管桩钻孔产生的泥浆均不予计算。

承包人认为，现场微型钢管桩施工为压力灌浆法，且微型钢管桩采用的是 6m 标准节钢管，施工时需电焊接桩，钢管桩应包含成孔、制浆压浆、埋管、接桩及泥浆外运，应分别执行 2018 房建定额的"A1-3-123 压力灌浆微型桩""A1-3-64 钢管桩电焊接桩""A1-3-127 钢管埋设""A1-3-119 泥浆罐车泥浆运输"等定额子目。

三、我站观点

根据基坑支护设计要求，超前钢管桩应套用 2018 房建定额的"A1-3-123 压力灌浆微型桩"及"A1-3-127 钢管埋设"定额子目，钢管焊接接桩已包含在"A1-3-127 钢管埋设"定额子目中，不应另行计算，钢管桩成孔、埋设注浆如产生泥浆需外运，按实际发生工程量计算。

关于场地清表计价的争议案例

某宿舍楼工程，资金来源为企业资金，发包人采用邀请招标方式，确定由某建筑公司与某勘察、设计公司组成的联合体负责承建。2020 年 8 月签订的工程总承包合同显示，工程合同价格形式为单价合同，采用工程量清单计价方式，综合单价依据《广东省建设工程计价依据 2018》编制的施工图预算组价确定，预算编审时发生计价争议。

一、争议事项

本工程施工场地开工前未进行"三通一平"，现场存在大量灌木、杂草，承包人在土石方开挖前进行了植被挖砍及清理外运等清表工作，发承包双方对于场地清表计价产生争议。

二、双方观点

发包人认为，清表应含在土石方开挖的工作内容里，本工程为房屋建筑工程，不存在清表说法，不应计算清表费用。

承包人认为，现场依据经监理单位批复的施工方案进行了清表工作，根据《广东省市政工程综合定额 2018》D.1.1 土石方工程章说明"本章土石方挖运定额子目未包含现场障碍物清除（清表）……发生时应套用相应子目另行计算"，清表应单独计价，执行《广东省园林绿化工程综合定额 2018》E1-1-59 定额子目，并计取外运费用。

三、我站观点

"工作联系函"显示，现场存在大量灌木、杂草，承包人根据批复的施工方案完成了灌木、杂草的挖砍及清运，且发包人已予确认。根据《广东省房屋建筑与装饰工程综合定额 2018》A.1.1 土石方工程章说明"本章未包括现场障碍物清除……发生时应另行计算"，土石方工程定额的工作内容不包含清表工作，清表工作属于"三通一平"的工作范围，发生时应单独计价。

181

关于停工损失和复工费用计价的争议案例

某水供应工程，资金来源为国有资金，发包人采用公开招标方式，确定由某建筑公司负责承建。2017 年 9 月签订的施工合同显示，工程采用工程量清单计价方式，合同价格形式为单价合同，竣工结算时发生计价争议。

一、争议事项

本工程在施工许可手续未完善情况下，承包人应发包人要求进场组织施工，中途被区建设局要求全面停工。待施工许可证取得时，水库已进入蓄水期，库底的临时施工便道被淹没，而位于水库 52m 水位处的新建道路因林地手续问题亦未打通，导致该处 5 片预制空心板的钢筋、模板需全部拆除，已进场的钢绞线和该部分钢筋全部报废。同时由于取消引水隧洞进口临时挡水围堰，取水闸井、桥梁等只能利用 6～8 月水库枯水期进行施工，在 2021 年空库期重启施工时，承包人增选场地重新设置空心板预制场、存梁场。竣工结算时发承包双方对上述事件发生的费用能否计取产生争议。

二、双方观点

发包人认为，根据施工合同通用条款第 30.2 条承包人风险约定"……财产（包括但不限于合同工程、材料、工程设备和施工设备）的损失或损坏"，故拆除预制空心板的钢筋和模板以及已进场的钢绞线和部分钢筋报废属于承包人应该承担的风险范围不予计价。根据施工合同专用条款第 96.1 条其他风险约定"……临时工程设施的搭建及拆除由承包人承担……由承包人在报价时计入或综合考虑"，故另选场地重新设置空心板预制场、存梁场费用由承包人承担不予增加费用。

承包人认为，中途按要求停工为非承包人原因导致，因此造成的损失应予以计算。而增设预制场、存梁场，是为保证取水闸井在蓄水后利用桥梁作为施工通道继续施工，故必须在 8 月底蓄水前完成桥梁预制和吊装，但现有预制场地满足不了工期需求，考虑工期紧张，需扩大预制场面积，而原预制场地受限无法越线，故在水库底重新设置预制场、存梁场及 14 片预制底座进

182

行预制桥梁施工，因此受水库蓄水制约以及场地限制等非施工方原因增设的预制场、存梁场费用应予计价。

三、我站观点

对于中途停工损失，发承包双方应先厘清工程停工的责任，再结合停工后承包人是否采取合理措施或已经采取措施仍无法避免损失等因素，对停工造成的拆除预制空心板的钢筋和模板以及已进场的钢绞线和部分钢筋报废的损失按过错比例合理分担。而增选场地重新设置空心板预制场、存梁场，如确属发包人取消围堰原因造成以及赶工需要采取的措施，则由发包人承担相应费用，否则应由承包人负责。

关于脚手架重复搭拆能否计价的争议案例

某水供应工程，资金来源为国有资金，发包人采用公开招标方式，确定由某建筑公司负责承建。2017年9月签订的施工合同显示，工程采用工程量清单计价方式，合同价格形式为单价合同，竣工结算时发生计价争议。

一、争议事项

由于设计至引水隧洞进口的进场道路因林地占用手续问题无法使用及取消引水隧洞进口临时挡水围堰影响，取水闸井及桥梁施工只能在每年的水库放空期进行施工，因此取水闸井及桥梁脚手架需重复搭拆，竣工结算时发承包双方对由此造成的脚手架重复搭拆增加的费用是否计算产生了争议。

二、双方观点

发包人认为，取水闸井及桥梁脚手架重复搭拆属于合同专用条款第68.2条合同价款的调整事件中"发包人和监理确认的工程量增减。因变更新增加的工程，只调监理和发包人确认的实体工程，对应的措施费不计算（单项变更造价80万元以上的重大变更除外）"的约定，由于取水闸井、桥梁实体工程变更金额未达到80万元，故对应的措施费不计算。

承包人认为，取水闸井及桥梁墩重复搭拆脚手架，是因水库蓄水制约导致，且为非施工方原因，故应增加计算脚手架重复搭拆费用。

三、我站观点

取消围堰工程重大变更对本工程产生的不利影响，及进场道路因林地手续问题无法正常使用，导致取水闸井及桥梁只能利用每年的水库枯水期施工，因此造成的取水闸井及桥梁脚手架重复搭拆，与专用条款第68.2条约定的前提条件不吻合，故取水闸井及桥梁脚手架重复搭拆费应予计算。

关于钢筋植筋计价的争议案例

某宿舍楼工程，资金来源为企业资金，发包人采用邀请招标方式，确定由某建筑公司与某勘察、设计公司组成的联合体负责承建。2020 年 8 月签订的工程总承包合同显示，工程合同价格形式为单价合同，采用工程量清单计价方式，综合单价依据《广东省建设工程计价依据 2018》编制的施工图预算组价确定，预算编审时发生计价争议。

一、争议事项

本工程混凝土结构设计总说明明确"构造柱的柱脚及柱顶在主体结构中植入 4Φ12 竖筋……填充墙应沿钢筋混凝土墙或柱（构造柱）全高每隔 500 设 2Φ6 拉结钢筋，拉结筋应在砌墙时植筋。"发承包双方对是否应计取钢筋植筋费用产生争议。

二、双方观点

发包人认为，构造柱纵筋、砌体墙拉筋采用植筋方式锚固，在砌体结构施工时是一项附带的施工措施，不应单独计取植筋费用。

承包人认为，构造柱纵筋、砌体墙拉筋采用植筋方式锚固是设计要求，应计取植筋费用。

三、我站观点

根据招标文件和合同约定，施工图预算根据审查通过的施工图纸作为编制依据，图纸已明确构造柱纵筋、砌体墙拉筋采用植筋方式锚固，故在施工图预算编制时，应计算钢筋植筋费用。

关于钢筋根数计量的争议案例

某宿舍楼工程，资金来源为企业资金，发包人采用邀请招标方式，确定由某建筑公司与某勘察、设计公司组成的联合体负责承建。2020 年 8 月签订的工程总承包合同显示，工程合同价格形式为单价合同，采用工程量清单计价方式，综合单价依据《广东省建设工程计价依据 2018》编制的施工图预算组价确定，预算编审时发生计价争议。

一、争议事项

《关于广东省建设工程定额动态管理系统定额咨询问题解答的函（第 1 期）》（粤标定函〔2019〕9 号）中回复，钢筋根数计算结果按向上取整＋1 取定。发承包双方就钢筋根数是按四舍五入＋1 还是按向上取整＋1 计算产生争议。

二、双方观点

发包人认为，粤标定函〔2019〕9 号文适用于《广东省建设工程计价依据 2010》，本工程执行《广东省建设工程计价依据 2018》，钢筋根数应按四舍五入＋1 计算。

承包人认为，粤标定函〔2019〕9 号文也适用于《广东省建设工程计价依据 2018》，钢筋根数应按向上取整＋1 计算。

三、我站观点

钢筋间距应按设计图纸布置，钢筋根数计量按向上取整＋1 计算。

关于重复进退场能否计价的争议案例

某水供应工程，资金来源为国有资金，发包人采用公开招标方式，确定由某建筑公司负责承建。2017年9月签订的施工合同显示，工程采用工程量清单计价方式，合同价格形式为单价合同，竣工结算时发生计价争议。

一、争议事项

由于取消引水隧洞进口临时挡水围堰，水库定期蓄水，每年只能在水库枯水期进行施工。受水库蓄水制约，2019—2021年水库施工期建筑材料和临时设施增加两次重复进退场，竣工结算时发承包双方对材料和临时设施重复进退场增加费是否计算产生争议。

二、双方观点

发包认为，根据合同专用条款第96.1条其他风险之（9）发包人约定，包干风险包括如下内容："①施工用机具、水电、照明、爆破、通风以及运输等措施费用……"以及施工合同专用条款第68.2条合同价款的调整事件约定、该变更仅涉及措施费增加，故材料和临时设施重复进退场费不予计算。

承包人认为，受水库蓄水制约，建筑材料和临时设施重复两次进退场增加费，为非承包人方原因导致，故应予计算增加的费用。

三、我站观点

受水库蓄水制约，建筑材料和临时设施施工期间增加两次进退场费，如果是因取消围堰工程重大变更对本工程产生不利影响引起的，增加的进退场费应予计算，否则不予计算。

关于增加声光报警器能否计价的争议案例

某水供应工程，资金来源为国有资金，发包人采用公开招标方式，确定由某建筑公司负责承建。2017 年 9 月签订的施工合同显示，工程采用工程量清单计价方式，合同价格形式为单价合同，竣工结算时发生计价争议。

一、争议事项

根据发包人及相关政府部门要求，承包人需在隧洞内增加安装 6 个声光报警器，竣工结算时发承包双方对加设声光报警器增加费能否计价产生争议。

二、双方观点

发包人认为，根据合同专用条款第 96.1 条其他风险之（9）发包人约定，包干风险包括如下内容："①施工用机具、水电、照明、爆破、通风以及运输等措施费用……"，声光报警器属于承包人风险，含在合同价款中，故不予计算。

承包人认为，按发包人及相关政府部门要求，在隧洞内安装的 6 个声光报警器，属于合同外增加工作内容，应按实际确认的工程量予以计算。

三、我站观点

虽然承包人按发包人及相关政府部门要求增设了声光报警器，但增加原因若是因承包人现场管理不善造成的，或者是承包人施工组织设计的方案缺陷造成的，由此增加的费用不予计量计价。

关于整改重设的排水沟能否计价的争议案例

某水供应工程，资金来源为国有资金，发包人采用公开招标方式，确定由某建筑公司负责承建。2017 年 9 月签订的施工合同显示，工程采用工程量清单计价方式，合同价格形式为单价合同，竣工结算时发生计价争议。

一、争议事项

本项目在隧洞开挖掘进施工时，承包人已按设计图纸要求在隧洞底浇筑垫层并在侧边设置排水沟。因设计隧洞断面小，地面运输宽度受限，隧洞开挖大型施工机械来回碾压造成原设计排水沟破坏，致使隧洞内水流无法集中排放。根据省安委办 2021 年 9 月 27 日检查时提出的整改要求，承包人按经参建各方确定的排水整改方案实施了整改。竣工结算时发承包双方对按照整改方案在隧洞底部重新浇筑混凝土垫层设置排水沟及其拆除费用能否计价产生争议。

二、双方观点

发包人认为，根据施工合同专用条款第 96.1 条（一）其他风险之（8）约定"隧洞降排水费用由承包人自行承担，承包人在报价时综合考虑"，故隧洞内重新浇筑混凝土垫层、排水沟及拆除增加的工程费不予计算。

承包人认为，现场已按省安委办要求和排水整改方案实施，增加的工程为合同外工作内容，故应按实予以计算。

三、我站观点

重做混凝土垫层、排水沟，若是因承包人现场管理不善造成的，或者是承包人的施工组织设计方案缺陷造成的，由此增加的费用不予计量计价。

关于定额动态调整适用性的争议案例

某改扩建工程，资金来源为企业自筹，发包人采用公开招标方式，确定由某建筑公司与某设计公司组成的联合体负责承建。2023年3月签订的勘察设计施工总承包合同显示，工程采用工程量清单计价方式，综合单价依据《广东省建设工程计价依据2018》编制的施工图预算组价确定，施工图预算阶段发生计价争议。

一、争议事项

本工程总承包合同约定，设计概算工程费、施工图预算编审，执行《建设工程工程量清单计价规范》GB 50500—2013与《广东省建设工程计价依据2018》，并明确"套用初步设计概算、施工图预算信息价基期适用的省、市工程造价管理机构发布的当期定额及人、材、机信息价格。信息价基期为投标截止日前28天为基准日的信息价期数（即对应基期为2023年1月31日）"。施工图预算报送前，2023年8月21日印发的《关于印发广东省建设工程定额动态调整的通知（第23期）》（粤标定函〔2023〕107号）对高压旋喷桩子目进行了动态调整，预算审核时发承包双方对高压旋喷桩套用原定额子目还是套用动态调整后定额子目产生争议。

二、双方观点

发包人认为，施工图预算报审日期在粤标定函〔2023〕107号文发布之后，且至今发承包双方尚未确认施工图预算，故应执行动态调整后的定额子目。

承包人认为，施工图预算编审应依据合同约定，执行信息价基期对应的当期的定额子目，故高压旋喷桩组价应执行调整前的定额子目。

三、我站观点

来函资料显示，工程总承包合同协议书已明确约定初步设计概算、施工图预算编制套用信息价基期适用的省、市工程造价管理机构发布的当期定额，该工程投标截止日为2023年2月27日，当期定额即为信息价基期2023年1月31日时的现行定额，故在此基期之后动态调整的定额子目不作为施工图预算编制的依据。

关于预拌砂浆是否可调价的争议案例

某住宅工程，资金来源为企业自筹，发包人采用公开招标方式，确定由某建筑公司负责承建。2017年5月签订的施工合同显示，工程采用工程量清单计价方式，合同价格形式为单价合同，竣工结算时发生计价争议。

一、争议事项

本项目补充协议2关于合同价款的调整因素之"物价涨落事件"调整方法，除人工、水泥、砂、碎石、砖、钢筋、商品混凝土、电缆可调外，其余材料均不作调整。竣工结算时发承包双方对预拌砂浆是否属于约定的可调差材料产生争议。

二、双方观点

发包人认为，协议并未明确预拌砂浆在可调价差范围，故不予计算调差。

承包人认为，预拌砂浆的主要组成部分是水泥、砂，且预拌砂浆成品价格会随水泥和砂的价格涨落而调整，故预拌砂浆应参考水泥、砂予以调差。

三、我站观点

来函资料显示，补充协议2明确约定可调差范围仅限于人工、水泥、砂、碎石、砖、钢筋、商品混凝土、电缆，其余材料均不作调整，因此预拌砂浆不在合同约定的调差材料范围内，故不予调差。如预拌砂浆价格波动导致损失过大的，受损一方可以索赔方式提出诉求。

关于土石方综合单价调整的争议案例

某住宅工程，资金来源为企业自筹，发包人采用邀请招标方式，确定由某建筑公司负责承建。2016年10月签订的施工合同显示，工程采用工程量清单计价方式，合同价格形式为单价合同，竣工结算时发生计价争议。

一、争议事项

施工过程中，受项目周边弃土场改造升级的影响，市场弃土费大幅度上涨，同时本市"创文"活动要求弃土车在城镇外围绕行，增加了项目弃土运输距离，致使承包人成本费用增加，竣工结算时发承包双方对此是否可调整原合同土石方挖运清单综合单价产生争议。

二、双方观点

发包人认为，本工程工程量清单项目特征明确，弃土费用及弃土运距在综合单价中综合考虑，故不予调整合同价格。

承包人认为，项目周边弃土场改造升级及"创文"活动属于政府行为，是行政主管部门对市场进一步加强管理，由此导致的土方消纳费上涨及运距增加，属于有经验的承包人无法预料的情形，故应按实调整原合同单价。

三、我站观点

本工程采用工程量清单计价方式，综合单价在履约过程中本应保持不变。但在工程实施过程中，由于政策因素变化引起工程成本费用增加按施工合同关于政策变化引起价款调整的相关约定执行。经查阅来函资料，承包人已向发包人提出了调价申请，并且得到监理公司和发包人（授权的代建单位）的确认同意，因此双方应按2017年3月22日的会议纪要精神执行，结算按协商后的综合单价计取。

关于变更前综合单价确定的争议案例

某学校工程，资金来源为国有资金，发包人采用公开招标方式，确定由某建筑公司负责承建。2020 年 9 月签订的施工总承包合同显示，工程合同价格形式为总价合同，采用工程量清单计价方式，合同履约时发生计价争议。

一、争议事项

本工程合同补充条款第 6.5.2 条约定，当变更清单工程内容与中标清单内容有相同或相似清单项目时，先计算变更清单的中标综合单价与招标控制单价按投标净下浮率下浮后的综合单价的差值，再乘以变更工程量得出变更合价，如变更合价的绝对值≥10 万元时，该变更单价按第 6.5.2.2 款执行。而合同补充条款第 6.5.2.2 款约定，工程内容与清单内容无相同清单子目的单价依据《广东省建设工程计价依据 2018》重新组价乘下浮率确定。执行上述条款计算变更费用（变更后价款－对应的变更前价款）时，发承包双方就绝对值≥10 万元时变更前综合单价的确定产生争议。

二、双方观点

发包人认为，变更前和变更后的单价均按合同补充条款第 6.5.2.2 款约定重新组价确定。

承包人认为，合同补充条款第 6.5.2 条是针对合同有相同或相似清单定价方式，合同补充条款第 6.5.2.2 款针对无相同或相似清单定价方式，故变更前的综合单价应为中标单价。

三、我站观点

上传资料显示，发包人在招标时并未向投标人提供招标控制价各清单的综合单价，合同执行时再按未公开的招标控制价综合单价比对中标综合单价作为价款调整条件有失公允，建议发承包双方对工程变更引起合同价款调整的方式方法协商解决。

关于返工人工费用计取的争议案例

某学校工程，资金来源为国有资金，发包人采用公开招标方式，确定由某建筑公司负责承建。2020 年 9 月签订的施工总承包合同显示，工程合同价格形式为总价合同，采用工程量清单计价方式，合同履约时发生计价争议。

一、争议事项

本工程对发生工程变更引起承包人已完成工程返工进行现场签证，发承包双方对返工的人工费用计取产生争议。

二、双方观点

发包人认为，现场签证变更计价按合同补充条款约定的工程变更签证管理要求执行。

承包人认为，由于签证变更属于零散子项，涉及金额小，若用定额组价的人工费用远低于现场实际投入成本，该部分的人工费应按照实际支付费用计算或者按计日工计取。

三、我站观点

因发包人原因引起承包人已完工程返工并且给承包人造成经济损失和（或）工期延误事件的，承包人可依据合同补充条款"工程变更签证管理要求、价差调整及结算约定"的相关约定，向发包人提出包含人工费用在内的补偿和（或）延长工期。

关于旋挖桩泥浆外运计量的争议案例

某市政工程，资金来源为财政资金，发包人采用公开招标方式，确定由某联合体负责承建。2022年8月签订的工程总承包合同显示，工程合同价格形式为单价合同，采用工程量清单计价方式，综合单价依据《广东省建设工程计价依据2018》编制预算组价确定，预算编审时发生计价争议。

一、争议事项

本工程施工图设计的工程桩为钻孔桩，施工中发生变更，批复的施工方案为旋挖桩，发承包双方在编制预算时对旋挖桩的泥浆外运工程量计算产生争议。

二、双方观点

发包人认为，根据广东省建设工程标准定额站发布的《广东省房屋建筑与装饰工程综合定额2018》动态调整内容（粤标定函〔2021〕167号）"旋挖成孔灌注桩采用湿作业成孔时，土方外运包括渣土和泥浆，渣土外运工程量按成孔工程量以"m³"计算，泥浆外运工程量按成孔工程量的20％计算。"本工程旋挖桩采用湿作业成孔，故旋挖桩渣土外运工程量按成孔工程量以"m³"计算，泥浆外运工程量按成孔工程量的20％计算。

承包人认为，施工图设计的工程桩为钻孔桩，施工图预算采用《广东省市政工程综合定额2018》，故泥浆运输工程量应依据该定额规定按钻孔桩成孔工程量计算。

三、我站观点

施工图设计的工程桩为钻孔桩，在施工过程中发包人批复的实际施工方案由钻孔桩调整为旋挖桩，经合同双方确认属工程变更。但施工图预算应根据施工图纸编制，与实际施工与否无关联，即按钻孔桩方案执行《广东省市政工程综合定额2018》泥浆运输工程量计算相关规定，工程变更引起的价款调整按合同相应约定计算。

关于旋挖桩入岩增加费定额选用的争议案例

某市政工程，资金来源为财政资金，发包人采用公开招标方式，确定由某联合体负责承建。2022 年 8 月签订的工程总承包合同显示，工程合同价格形式为单价合同，采用工程量清单计价方式，综合单价依据《广东省建设工程计价依据 2018》编制预算组价确定，预算编审时发生计价争议。

一、争议事项

本工程施工图设计的工程桩为钻孔桩，施工中发生变更，批复的施工方案为旋挖桩，针对旋挖桩入岩情形，发承双方在编制预算时对旋挖桩入岩增加费定额选用产生争议。

二、双方观点

发包人认为，旋挖桩入岩增加费暂执行《广东省市政工程综合定额 2018》D1-3-179～D1-3-181 子目，待广东省建设工程标准定额站明确是否可执行《广东省房屋建筑与装饰工程综合定额 2018》已调整的旋挖成孔灌注桩入岩增加费子目（粤标定函〔2022〕190 号）。

承包人认为，本工程基坑支护桩、工程桩设计施工图纸中已明确桩基入岩深度要求，并已按图施工。如发包人认为旋挖桩的泥浆运输工程量执行《广东省房屋建筑与装饰工程综合定额 2018》动态调整内容（粤标定函〔2021〕167 号），那么旋挖桩的入岩增加费也应执行《广东省房屋建筑与装饰工程综合定额 2018》相关子目。

三、我站观点

施工图设计的工程桩为钻孔桩，在施工过程中发包人批复的实际施工方案由钻孔桩调整为旋挖桩，经合同双方确认属工程变更。但施工图预算应根据施工图纸编制，与实际施工与否无关联，即按钻孔桩方案执行《广东省市政工程综合定额 2018》相关定额规则计算入岩增加费用，工程变更引起的价款调整按合同相应约定计算。

关于下穿隧道套用定额的争议案例

某市政升级改造工程，发包人采用公开招标的方式，确定由六家公司组成联合体作为投资合作方和勘察、设计、施工总承包人。2020年11月签订的工程总承包合同显示，工程采用工程量清单计价方式，综合单价依据《广东省建设工程计价依据2018》编制的施工图预算组价确定，预算编审时发生计价争议。

一、争议事项

本工程升级改造工程 K2＋600-K3＋800 为下穿隧道开敞段，采用明挖基坑、支护桩基坑支护，钢筋混凝土 U 槽车道。预算编审时发承包双方就基坑支护结构及车道主体结构套用定额问题产生争议。

二、双方观点

发包人认为，围护结构的冠梁及支撑梁的混凝土套用《广东省房屋建筑和装饰工程综合定额2018》（以下简称"2018房建定额"）相应定额子目，冠梁及支撑梁钢筋、主体结构 U 槽段的钢筋混凝土、模板套用《广东省市政工程综合定额2018》（以下简称"2018市政定额"）第三册"桥涵工程"相应定额子目。

承包人认为，2018市政定额有下穿隧道相关章节定额子目，且该章节说明适用于下穿隧道工程的引道段及暗埋段，该工程的冠梁、支撑梁、底板、侧墙及顶板的相关清单组价应优先选用该章节子目，发包人将围护的支撑梁借用房建定额，缺少了水平及垂直运输机械费用，U 槽段的底板、侧墙相关清单组价套用桥涵工程章节的定额子目与设计内容不符，且下穿隧道是一个整体，不应将暗埋段和 U 槽段分开套用不同册章节的定额子目（泵送费单独计算），所以围护结构的冠梁、支撑梁及主体结构 U 槽段的钢筋混凝土模板应该套用2018市政定额第七册"隧道工程"相应定额子目。

三、我站观点

本工程属于市政工程，应优先采用2018市政定额为依据编制预算。根据 K2＋600-K3＋800 施工图及来函资料，下穿隧道开敞段采用明挖法施工，其围护结构冠梁及支撑梁可套用2018市政定额 D.7.5 "下穿隧道与人行地道"的 D.7.5.2 "地下混凝土结构"相应定额子目，模板工程可套用 D.7.7 "临时工程" D.7.7.1 "明挖隧道混凝土模板"相应定额子目。

关于基坑土方套用定额的争议案例

某市政升级改造工程，发包人采用公开招标的方式，确定由六家公司组成联合体作为投资合作方和勘察、设计、施工总承包人。2020年11月签订的工程总承包合同显示，工程采用工程量清单计价方式，综合单价依据《广东省建设工程计价依据2018》编制的施工图预算组价确定，预算编审时发生计价争议。

一、争议事项

本工程隧道围护结构设计两侧采用 SMW 工法桩，工法桩顶施工截面尺寸 1200×800 的冠梁，基坑两侧冠梁中间采用截面尺寸 1000×800 的钢筋混凝土支撑梁，支撑梁下 3.8m 设置 1 道 609 圆管钢支撑（泵房位置 2 道钢支撑），基坑支撑宽度 36m，泵房处最深位置 11.9m，非泵房处最深位置 9.3m。预算编审时发承包双方就基坑土方开挖套用定额产生争议。

二、双方观点

发包人认为，根据定额答疑第 15 期第 8 条"底面积大于 $150m^2$，采用钢板桩支护（且含有对撑时），深度超过 3m 的情况，可按章说明在支撑下挖土，相应子目乘以系数 1.2"，应套用挖一般土方（考虑支撑下挖土系数），按 D1-1-36 并考虑挖桩间土方将人工和机械乘以 1.1 计算。

承包人认为，依据 D.1.1 土石方工程说明之三、土方 11."大型支撑基坑土方开挖定额子目适用于地下连续墙、混凝土板桩、钢板桩等做围护跨度大于 7m 的深基坑开挖"，应按 D.1.1 章中"大型支撑下挖土方"节下的 D1-1-49 子目计算。

三、我站观点

本工程为明挖法条件下的基坑支护类型，根据来函资料分析，可套用 2018 市政定额 D.1.1"土石方工程"（3）"大型支撑基坑土方"相应定额子目。

关于沥青封层套用定额的争议案例

某市政升级改造工程，发包人采用公开招标的方式，确定由六家公司组成联合体作为投资合作方和勘察、设计、施工总承包人。2020 年 11 月签订的工程总承包合同显示，工程采用工程量清单计价方式，综合单价依据《广东省建设工程计价依据 2018》编制的施工图预算组价确定，预算编审时发生计价争议。

一、争议事项

本工程施工图显示"下封层厚度为 1cm，且做到完全密水，矿料用量为 $7 \sim 9m^3/1000m^2$，并在路侧另备粒径 $5 \sim 10mm$ 碎石或 $3 \sim 5mm$ 石屑、粗砂 $3m^3/1000m^2$ 作为初期养护用料"，预算编审时发承包双方就该设计内容套用定额产生争议。

二、双方观点

发包人认为，设计描述为下封层，应该套用 2018 市政定额第二册"道路工程"沥青封层 D2-3-34 定额子目，按设计图纸要求的乳化沥青替换定额中石油沥青，并删除定额中的柴油，因为采用乳化沥青施工无须使用。

承包人认为，根据设计对下封层的要求，该工序与乳化沥青稀浆封层 D2-3-35 定额子目包含的材料和作用完全一致，应该套用稀浆封层定额。

三、我站观点

施工图做法为"下封层厚度为 1cm"，不应套用乳化沥青稀浆封层定额子目，应套用 D2-3-34 沥青封层定额子目，若设计材料与定额不同时，可对主要材料进行换算调整，人工和机具不调整。

关于级配碎石定额含量调整的争议案例

某市政升级改造工程，发包人采用公开招标的方式，确定由六家公司组成联合体作为投资合作方和勘察、设计、施工总承包人。2020 年 11 月签订的工程总承包合同显示，工程采用工程量清单计价方式，综合单价依据《广东省建设工程计价依据 2018》编制的施工图预算组价确定，预算编审时发生计价争议。

一、争议事项

本工程路基施工图中 15cm 厚级配碎石和 32cm 厚水泥稳定碎石层，未说明级配碎石与石屑设计配合比，预算编审时发承包双方在套用级配碎石底基层 D2-2-24 定额子目时对是否调整碎石、石屑定额含量产生争议。

二、双方观点

发包人认为，设计未明确配合比可依据《公路路面基层施工技术细则》JTG/T F20—2015 表 4.5.8 级配碎石或砾石的推荐级配范围（％）对定额子目中的碎石、石屑进行含量调整。

承包人认为，本工程的设计单位没有明确级配碎石的体积表，无法计算出准确的碎石体积比，抗裂水稳碎石实验检测单位也没进行相关的配合比设计，定额综合考虑了规范要求的碎石级配比，所以套用定额子目不调整碎石、石屑消耗量。

三、我站观点

来函资料路基 15cm 厚级配碎石和 32cm 厚水泥稳定碎石层应套用 D2-2-24 定额子目，其设计配合比与定额不符时，有关材料消耗量可换算，但人工和机具不得调整。

关于材料价格基期的争议案例

某科技孵化工程，资金来源为财政资金，发包人采用公开招标方式，确定由某建筑公司与某设计公司组成的联合体负责承建。2022年5月签订的设计施工总承包合同显示，工程采用工程量清单计价方式，综合单价依据《广东省建设工程计价依据2018》编制的施工图预算组价确定，施工图预算时发生计价争议。

一、争议事项

本工程合同专用条款第17.1.1（1）条约定，由具有相应资质的造价机构根据承包人提供的经招标人及审图机构审核同意后的设计施工图纸，按清单规范、相关造价文件及2018年广东省工程计价依据编制建安工程施工图预算，材料单价执行市建设工程造价管理站公布的材料信息价及市场价格。施工图预算审核过程中，发承包双方对材料基期价格确定产生争议。

二、双方观点

发包人认为，根据合同专用条款第17.1.1（1）条约定，施工图预算编制发生在设计施工图纸经招标人及审图机构审核同意之后，故材料价格应采用施工图审查通过日期（2022年9月26日）对应当期即2022年9月的市建设工程材料综合价格。

承包人认为，承包人是基于基准日期对应的自身企业各种因素进行投标报价的，且合同专用条款第17.1.1（1）条并未约定施工图预算执行哪一期市建设工程材料综合价格，因此施工图预算的材料价格应采用合同基准日期对应当期即2022年4月的市建设工程材料综合价格。

三、我站观点

本工程合同专用条款约定施工图预算编制材料单价执行市建设工程造价管理站发布的材料信息价，但未约定具体价格基期，属于合同未约定或约定不明事项，因事关发承包重要权益，建议双方结合合同缔约时的真实意思协商解决。

关于 HRB400E 钢筋制安套用
定额的争议案例

某科技孵化工程，资金来源为财政资金，发包人采用公开招标方式，确定由某建筑公司与某设计公司组成的联合体负责承建。2022 年 5 月签订的设计施工总承包合同显示，工程采用工程量清单计价方式，综合单价依据《广东省建设工程计价依据 2018》编制的施工图预算组价确定，施工图预算时发生计价争议。

一、争议事项

本工程现浇构件使用了 HRB400E 钢筋，依据《广东省房屋建筑与装饰工程综合定额 2018》进行清单组价时，发承包双方对 HRB400E 钢筋的制作安装套用定额子目产生争议。

二、双方观点

发包人认为，HRB400E 为Ⅲ级钢筋，带 E 符号表示抗震性能，清单组价时应套用 A1-5-105～A1-5-107 现浇构件带肋钢筋子目。

承包人认为，根据定额 A.1.5 混凝土与钢筋混凝土工程说明第五条第 6 点"带肋钢筋指强度 HRB335、HRB400 的螺纹钢筋；高强钢筋指强度 HRB400 以上的螺纹钢筋"，定额高强钢筋不包含 HRB400 级钢筋，但应包含 HRB400E 级钢筋，故 HRB400E 钢筋清单组价时应套用 A1-5-108～A1-5-110 现浇构件带肋钢筋（Ⅲ级以上）子目。

三、我站观点

定额是按屈服强度特征值是否超过 400MPa 作为判断高强钢筋的标准，HRB400E 钢筋的屈服强度特征值并未超过 400MPa，因此其清单组价时应套用 A1-5-105～A1-5-107 现浇构件带肋钢筋子目。

关于防腐混凝土管桩价格确定的争议案例

某科技孵化工程，资金来源为财政资金，发包人采用公开招标方式，确定由某建筑公司与某设计公司组成的联合体负责承建。2022年5月签订的设计施工总承包合同显示，工程采用工程量清单计价方式，综合单价依据《广东省建设工程计价依据2018》编制的施工图预算组价确定，施工图预算时发生计价争议。

一、争议事项

本工程设计要求预制管桩采用防腐混凝土，发承包双方对预应力防腐混凝土管桩的材料价格确定产生争议。

二、双方观点

发包人认为，预应力防腐混凝土管桩市场询价的价格接近本市建设工程材料综合价格中预应力混凝土管桩的价格，故应按发布的预应力混凝土管桩的综合价格计取，不另增加防腐费用。

承包人认为，本市建设工程材料综合价格中预应力混凝土管桩的价格并未考虑防腐增加费，预应力防腐混凝土管桩的材料价格应在本市建设工程材料综合价格的基础上增加15元/m。

三、我站观点

发承包双方应向信息价发布单位咨询预应力混凝土管桩价格是否包含防腐混凝土的费用，如未包含，发承包双方可参考我站2022年7月26日发布的《关于印发〈广东省建设工程主要材料询价规则（试行）〉的通知》（粤标定函〔2022〕164号）的规定确定材料的市场价格。

关于土工布材料价格确定的争议案例

某科技孵化工程，资金来源为财政资金，发包人采用公开招标方式，确定由某建筑公司与某设计公司组成的联合体负责承建。2022年5月签订的设计施工总承包合同显示，工程采用工程量清单计价方式，综合单价依据《广东省建设工程计价依据2018》编制的施工图预算组价确定，施工图预算时发生计价争议。

一、争议事项

在审定施工图预算时，定额土工布材料单价6元多，发包人认为土工布属于主材范畴，且定额编制期价格与市场价格偏差较大，需要按市场价计算，发承包双方对土工布材料价格的确定产生争议。

二、双方观点

发包人认为，土工布材料价格应按审核机构市场询价结果 1.56 元$/m^2$ 计算。

承包人认为，因审核机构的市场询价未含运费、损耗、采保费，故应按定额基价 6.69 元$/m^2$ 计算。

三、我站观点

根据合同专用条款第17.1.1（1）条，"材料单价执行本市建设工程造价管理站公布的材料信息价及市场价格"的约定，对于信息价未发布的材料市场价格，发承包双方可参考《关于印发〈广东省建设工程主要材料询价规则（试行）〉的通知》（粤标定函〔2022〕164号）的规定确定。

关于定额动态调整能否
作为编制预算依据的争议案例

　　某公寓工程，资金来源为企业资金，发包人采用公开招标方式，确定由某建筑公司与某设计公司组成的联合体负责承建。2021 年 9 月签订的工程总承包合同显示，工程合同价格形式为总价合同，采用工程量清单计价方式，综合单价依据《广东省建设工程计价依据 2018》编制预算组价确定。预算编审时发生计价争议。

一、争议事项

　　本工程定标日期为 2021 年 8 月 27 日，2022 年 10 月 10 日广东省建设工程标准定额站发布《关于印发广东省建设工程定额动态调整的通知（第 16期）》（粤标定函〔2022〕190 号）（以下简称"190 号文件"）调整了旋挖成孔灌注桩入岩增加费子目消耗量，编制预算时发承包双方就是否执行调整后的旋挖成孔灌注桩入岩增加费子目产生争议。

二、双方观点

　　发包人认为，本工程定标时间早于 190 号文件发布时间，表明承包人在投标时是按调整前定额考虑报价，且本工程灌注桩完工时间也早于 190 号文件发布时间，故施工图预算应按调整前的定额子目进行计价。

　　承包人认为，合同专用条款约定采用《广东省房屋建筑和装饰工程综合定额 2018》（以下简称"2018 房建定额"）编制预算，190 号文件发布的定额调整内容属于 2018 房建定额的一部分，且合同内并无条款明确说明施工图预算编制期间不可使用定额补充或勘误资料，故施工图预算可以按调整后的定额子目进行计价。

三、我站观点

　　190 号文件是对 2018 房建定额的动态调整，所调整内容与我省现行工程计价依据配套使用，但是除非合同另有约定，已经合同双方确认的工程造价成果文件不作调整。本工程合同约定采用 2018 房建定额为依据编制预算，目前仍处于预算编审阶段，预算成果文件尚未经双方确定，且招标文件并未要求基于投标当期的定额子目进行报价，合同也未约定中标后不执行补充或勘误的定额，故 190 号文件应作为本工程预算编制依据。

关于图纸会审意见能否视为变更的争议案例

某培训中心工程，资金来源为国有资金，发包人采用公开招标方式，确定由某建筑公司负责承建。2019 年 4 月签订的施工总承包合同显示，工程合同价格形式为单价合同，采用工程量清单计价方式。竣工结算时发生计价争议。

一、争议事项

本工程图纸结构说明中，砌体构造柱、水平系梁、墙体拉结筋等钢筋均应在主体结构施工时预留（以下简称预留筋）。但在图纸会审过程中承包人提出"采取预留钢筋方式操作困难、预留筋位置难以保证、影响砌筑施工质量，可否将预留钢筋调整为后植筋"，设计人员答复"植筋技术上可行，需根据设计及规范要求做植筋拉拔试验，施工单位编制方案报监理单位审批后实施"。实际施工过程中，承包方编制了专项方案并经监理审批完成，现场也按植筋方案进行施工并完成植筋拉拔试验，结算时发承包双方对于能否计算植筋费用产生争议。

二、双方观点

发包人认为，虽然图纸会审答复为植筋技术上可行，但不认为属于变更，也未出具变更通知单，预留筋改为植筋为承包人的施工措施，因此不计算植筋费用。

承包人认为，现场已根据图纸会审及经审批的施工方案要求实施植筋并完成相关检测，应计算植筋费用。

三、我站观点

本工程图纸会审答复为"植筋技术上可行，……审批后实施"。参建各方在图审会签栏中签名盖章确认，且植筋方案经审批后实施，事实上应视为工程变更，故应按合同中工程变更的条款约定予以计算植筋相关费用，并完善相关手续。

关于塔吊基础费用计价的争议案例

某培训中心工程，资金来源为国有资金，发包人采用公开招标方式，确定由某建筑公司负责承建。2019 年 4 月签订的施工总承包合同显示，工程合同价格形式为单价合同，采用工程量清单计价方式。竣工结算时发生计价争议。

一、争议事项

本工程塔吊基础采用板式基础，招标清单"垂直运输"项目特征仅描述为"综合考虑高度"，未对塔吊基础特征及其计价规定进行描述，发承包双方就塔吊基础是否另行计价产生争议。

二、双方观点

发包人认为，根据投标报价说明，综合单价应结合施工方案进行报价，本工程投标的施工组织设计已包含塔吊基础，且承包方在实施前并未根据合同中变更的条款约定，向发包人申报措施方案调整及费用，因此塔吊基础不应另行计价。

承包人认为，根据"垂直运输"清单的特征描述内容，该清单中不包含塔吊基础费用，故塔吊基础费用应另计。

三、我站观点

虽然"垂直运输"清单的特征描述内容未包含对塔吊基础的描述，但根据本工程采用的《房屋建筑与装饰工程工程量计算规范》GB 50854—2013 中"垂直运输"清单项目的工作内容"垂直运输机械的固定装置、基础制作、安装"，可见塔吊基础的费用已包含在垂直运输综合单价内，不另行计算。

关于止水螺杆能否另行计价的争议案例

某培训中心工程，资金来源为国有资金，发包人采用公开招标方式，确定由某建筑公司负责承建。2019 年 4 月签订的施工总承包合同显示，工程合同价格形式为单价合同，采用工程量清单计价方式。竣工结算时发生计价争议。

一、争议事项

本工程《模板支撑工程专项施工方案》明确，地下室外墙、人防围护结构和密闭墙体结构模板采用止水螺杆固定，发承包双方对于止水螺杆是否另行计价产生争议。

二、双方观点

发包人认为，根据投标报价说明，综合单价应结合施工方案进行报价，且承包方在实施前并未根据合同中变更条款的约定，向发包人申报措施方案调整及费用，因此止水螺杆不应另行计价。

承包人认为，《房屋建筑与装饰工程工程量计算规范》GB 50854—2013 中，模板清单项中不包含止水螺杆的费用，根据粤标定函〔2020〕128 号文定额咨询问题的解答第 5 条，止水螺杆应另行计算。

三、我站观点

粤标定函〔2020〕128 号文《关于广东省建设工程定额动态管理系统定额咨询问题的解答》仅适用于定额计价模式，而本工程采用工程量清单计价方式，模板施工的固定方式属于施工需考虑的措施内容。在承包人投标方案中地下室墙体模板采用止水螺杆固定，实际施工时模板施工的固定方式并未发生变更，因此止水螺杆不另行计价。

关于外运桩芯土能否按淤泥计价的争议案例

某培训中心工程，资金来源为国有资金，发包人采用公开招标方式，确定由某建筑公司负责承建。2019年4月签订的施工总承包合同显示，工程合同价格形式为单价合同，采用工程量清单计价方式。竣工结算时发生计价争议。

一、争议事项

本工程招标文件约定余泥渣土运输与排放费用为不可竞争费用，按固定金额报价。施工中工程及支护灌注桩均采用泥浆护壁成孔，经监理确认的《桩芯土施工记录》显示土质情况为"淤泥"，发承包双方对于外运桩芯土能否按淤泥计价产生争议。

二、双方观点

发包人认为，实施过程中承包人未提出诉求，也未办理淤泥外运的签证，应按"土方运输与排放"合同单价执行，不作调整。

承包人认为，根据施工记录，桩芯土实际外运为淤泥，应按照淤泥外运计取。

三、我站观点

根据本工程采用的《房屋建筑与装饰工程工程量计算规范》GB 50854—2013 表 A.1 土方工程注 10 "挖方出现流砂、淤泥时……结算时应根据实际情况由发包人与承包人双方现场签证确认工程量"，如现场存在淤泥，发承包双方应根据现场实际情况签证确认淤泥工程量。由于招标工程量清单未单列淤泥外运的清单，属于工程量清单缺项，应按照合同专用条款 1.13 工程量清单错误的修正约定调整合同价款。

第二部分

定额动态管理问题解答

关于广东省建设工程定额动态管理系统定额咨询问题的解答（第34期）

粤标定函〔2023〕143号

各有关单位：

现对广东省建设工程定额动态管理系统收集的有关传统建筑保护修复专业的定额咨询问题予以解答，除合同另有约定外，已经合同双方确认的工程造价成果文件不作调整。

1. 灰塑瓦檐狮子、鳌鱼及脊兽等各种动物、人物造型物体的体积如何计算？

答：按设计图示尺寸的外形体积以"m^3"计算，不扣除空隙部分体积（如右图高×宽×长）。

2. 浮雕装饰灰塑图案面积如何计算？

答：按图案最大外围面积计算（如右图红框所示）。

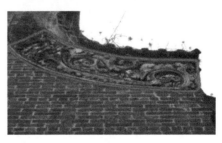

3. 大木作修辑未见梁构件修补子目，梁构件修补如何计算？

答：梁构件修补执行圆柱和方柱构件剔补相应子目。

4. 定额中缺少方梁的拆除、制作和安装的子目，如何计算？

答：方梁拆除、制作和安装执行扁作梁相应子目。

5. "硬木隔扇（半格花半池板门扇）制作（不包心屉格花）边抹看面宽6cm以内"，如软木的隔扇如何计算；隔扇制作不包心屉格花，但未见单独的格花子目，如何处理？

答：主材为软木的，可执行硬木隔扇子目，主材硬木换算为软木，人工费乘以系数 0.85 计算；子目名称中"不包心屉格花"，其中心屉与格花所指内容一致，格花执行心屉相应子目。

6. 木材在油漆前需要打磨光滑，此工序无定额子目套用，是否需要增加木材面打磨子目？

答：木构件油漆已包含打磨工作内容。

7. 木门窗是否包含门窗配件？

答：门窗配件按木作制安说明第 36 条规定执行。

8. 彩画墙面图案的复杂程度不一样时，如何计算？

答：彩画墙面图案按线条、几何图形等考虑，如山水、人物、动植物等复杂彩画，按市场价进行计算。

9. 木材面油漆的"木材构件"和"普通木架构"分别是指哪些部位？

答："普通木架构"是指木结构屋架，如檩条、桷板、飞子（椽子）、梁、柱、瓜柱、驼敦和斗栱等；其他木构件属于"木材构件"。以上构件不含木雕刻，若有雕刻则套用"雕花木架构"。

广东省建设工程标准定额站
2023 年 11 月 20 日

关于发布广东省建设工程定额动态管理系统定额咨询问题解答的通知（第 35 期）

粤标定函〔2024〕20 号

各有关单位：

现对广东省建设工程定额动态管理系统收集有关《广东省市政工程综合定额 2018》咨询问题做出如下解答，除合同另有约定外，已经合同双方确认的工程造价成果文件不作调整。

1. 沟槽开挖需设置挡土板，挡土板厚度所占土方量是否计入挖沟槽土方中？

答：土方开挖宽度按工程量计算规则进行计算，挡土板厚度所占土方量已在 D.1.1 土石方工程工程量计算规则第六条"设挡土板每侧增加 10cm 工作面"中考虑。

2. 成孔灌注混凝土桩设计说明要求成桩高度要比有效桩长长 800mm，请问 800mm 的长度是否应计入桩的长度？

答：应计算。

3. 定额 D1-1-111 静力爆破槽、坑岩石子目是否适用于矿山法隧道开挖？

答：不适用。矿山法隧道开挖应套用第七册《隧道工程》相应项目。

4. 水平定向钻牵引管的泥浆工程量是按管径尺寸还是按扩孔尺寸计算？

答：单管按管公称直径计算，群管按群管所围成的外径计算。

5. 水平定向钻进按综合土质（包括强风化岩）考虑的，若遇到流沙、淤泥应如何计价？

答：综合土质已包括流沙、淤泥等。

6. 定额 D1-3-219 钢板桩支撑安、拆子目的工作内容是否包含钢腰梁（钢围檩）及钢支撑的安、拆？若钢支撑间距不同时含量如何调整？

答：已包含。定额已综合考虑钢支撑消耗量，间距不同时不作调整。

7. 定额 D1-4-3 小型机械拆除混凝土类路面层（厚 15cm 内）子目，若实际现场厚度为 12cm，是否按定额 D1-4-4 每增 1cm 子目扣减相应厚度？

答：该定额为厚度 15cm 内适用，不需要扣减。

广东省建设工程标准定额站
2024 年 4 月 18 日

关于发布广东省建设工程定额动态管理系统定额咨询问题解答的通知（第 36 期）

粤标定函〔2024〕25 号

各有关单位：

现对广东省建设工程定额动态管理系统收集有关《广东省房屋建筑与装饰工程综合定额 2018》咨询问题做出如下解答，除合同另有约定外，已经合同双方确认的工程造价成果文件不作调整。

1. 定额材料基价与市场价格存在差异，其价格是否可以调整？

答：可调整。

2. 塔式起重机固定式基础定额子目是否包含土方的挖、运、填和桩基础？

答：不包含。

3. 结构找坡的屋面是否为斜屋面？

答：结构找坡应为平屋面，斜屋面不包括结构找坡。

4. 细石混凝土找平层的定额子目工作内容是否包含了提浆压光的工序？

答：不包含。

5. 定额 3.6m 以下的天棚装饰（包括抹平扫白）脚手架如何计价？

答：已包含在里脚手架定额子目中，不另计算。

6. 定额说明"凡需使用各种砂浆的定额子目，均包括扫水泥浆"，如设计要求扫水泥浆一道（掺 5% 108 胶），108 胶是否另行计价？

答：定额已综合考虑水泥浆的做法，不另计算。

7. A.1.9 门窗工程附表 1：门、窗价格表中，第十三项卷闸电动装置"D-400、D-600、D-900"是以什么依据划分不同等级？

答：指的是电动装置的提升力分别是 400、600、900kg。

广东省建设工程标准定额站
2024 年 5 月 7 日

关于发布广东省建设工程定额动态管理系统定额咨询问题解答的通知（第 37 期）

粤标定函〔2024〕34 号

各有关单位：

现对广东省建设工程定额动态管理系统收集有关《广东省房屋建筑与装饰工程综合定额 2018》咨询问题做出如下解答，除合同另有约定外，已经合同双方确认的工程造价成果文件不作调整。

1. 外墙做法为 15 厚水泥砂浆找平＋5 厚聚合物水泥防水砂浆＋腻子 2 遍＋外墙真石漆。15 厚水泥砂浆找平应按定额 A1-13-2 底层抹灰子目计价还是按定额 A1-13-13 一般抹灰子目计价？

答：按定额 A1-13-2 底层抹灰子目计价。

2. 满堂脚手架工程量按室内净面积计算，即结构净长乘以结构净宽，附墙柱垛、内轴独立柱所占的面积是否扣除？

答：不予扣除。

3. 外墙真石漆使用美纹纸进行分缝，定额 A1-15-143 真石漆墙面子目是否包括分隔缝？

答：定额真石漆墙面子目已综合考虑分缝的材料和人工消耗。

4. A.1.15 油漆涂料裱糊工程中，混凝土梯底（板式）天棚涂料按工程量计算规定以楼梯梯段设计图示水平投影面积乘以系数 1.3 计算。楼梯梯段的侧面涂料是否可按楼地面工程以零星项目计算？

答：楼梯梯段的侧面涂料已在系数中综合考虑，不另计算。

5. 建筑物超高增加人工、机具适用于建筑物高度 20m 以上的工程。若塔楼工程高度约 90m，裙楼工程高度未达到 20m，是否按定额公式计算加权平均高度？

答：同一建筑物的，建筑物超高人工、机具的高度计算按定额规定计算加权平均高度。

6.外墙采用电动整体提升架工作时，外立面装饰用脚手架应如何计价？若外立面装饰采用电动吊篮，是否可另行计价？

答：外墙采用电动整体提升架施工时，可另行计算外立面装饰用脚手架；若外立面装饰采用电动吊篮施工的，应按经审批的施工方案计算。

广东省建设工程标准定额站
2024 年 7 月 2 日

关于发布广东省建设工程定额动态管理系统定额咨询问题解答的通知（第38期）

粤标定函〔2024〕36号

各有关单位：

现对广东省建设工程定额动态管理系统收集有关《广东省房屋建筑与装饰工程综合定额2018》咨询问题做出如下解答，除合同另有约定外，已经合同双方确认的工程造价成果文件不作调整。

1. 锚杆钢绞线自由端采用波纹管套管防护，防护套管费用应如何计算？

答：定额钢绞线锚杆张拉子目已综合考虑了杆体自由端采用的各类型的防护套管，防护套管不另行计价。

2. 在计算专业工程总承包服务费时，其专业工程造价是否为含税价？

答：是的。

3. 外墙采用盘扣式脚手架应如何计价？

答：外墙采用盘扣式脚手架时，执行本定额综合脚手架（应包括搭拆和使用费）子目，其综合脚手架使用费定额子目中的钢管、扣件、底座材料费分别乘以1.30，人工、机械费不变。

4. 定额琉璃瓦屋面按设计图示斜面积以"m²"计算，A1-10-10琉璃瓦屋面是否包含"沟瓦"的人工材料价格？

答：所提图示"沟瓦"实为"正当沟"和"斜当沟"，"正当沟"是正脊之下瓦垄之间的瓦；"斜当沟"是垂脊下瓦垄之间的瓦。"正（斜）当沟"对应定额的名称为"盾瓦"，又称"盾形瓦"，如图一所示为垂脊下的盾形瓦，其计算按A.1.10屋面及防水工程章说明第二条第2点"琉璃瓦面如使用琉璃盾瓦者，每10m长的脊瓦长度，每一面增计盾瓦50块，其他不变"规定执行。

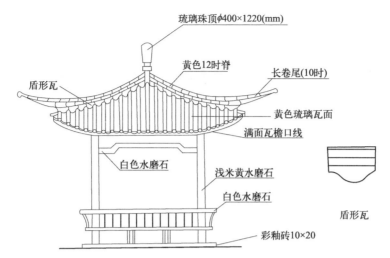

琉璃珠顶φ400×1220(mm)

盾形瓦

黄色12时脊

长卷尾(10时)

黄色琉璃瓦面

满面瓦檐口线

白色水磨石

浅米黄水磨石

白色水磨石

彩釉砖10×20

盾形瓦

5. 定额拆除整樘门窗按每樘面积 2.5m² 以内考虑，面积在 4m² 以内者，人工费乘以系数 1.30；面积超过 4m²，人工费乘以系数 1.50，若单樘面积大于 10m² 应如何计价？

答：定额已综合考虑，按面积超过 4m²，人工费乘以系数 1.50 计算。

6. 构筑物混凝土水池外壁，内间壁若高度超过 3.6m 时脚手架应如何计算？

答：室外混凝土水池外壁、内间壁高度超过 3.6m 时，执行综合脚手架子目（应包括搭拆和使用费）；若水池外壁内面和内间壁需要抹灰的，按综合脚手架搭拆定额子目计算乘以系数 0.8，已综合考虑其使用费。

7. 墙柱与地面连接处的防水圆弧处理应如何计价？

答：定额子目已综合考虑，不另行计算。

广东省建设工程标准定额站

2024 年 7 月 16 日

关于发布广东省建设工程定额动态管理系统定额咨询问题解答的通知（第 39 期）

粤标定函〔2024〕48 号

各有关单位：

现对广东省建设工程定额动态管理系统收集有关《广东省市政工程综合定额 2018》咨询问题做出如下解答，除合同另有约定外，已经合同双方确认的工程造价成果文件不作调整。

1. 级配碎石底基层、级配碎石路面的配合比，设计与定额子目不同是否可以调整？

答：可根据设计配合比进行调整。

2. 采用集中拌和水泥石屑（碎石）混合料，在计算集中拌和与汽车运输水泥石屑（碎石）混合料的定额工程量时是否考虑计算 2% 损耗？

答：应计算，即铺筑 $100m^3$ 的混合料需要拌和及运输 $102m^3$。

3. 钢筋套筒连接是否可借用《广东省房屋建筑与装饰工程综合定额 2018》相关子目？

答：当设计要求钢筋采用套筒连接时，可借用。

4. 市政管道铺设与安装在计算管长工程量时是否考虑坡度？

答：不考虑。

5. 排水工程现浇混凝土方沟、现浇混凝土渠箱适用范围是什么？

答：截面积 $\leqslant 1m^2$ 的现浇混凝土渠道套用现浇混凝土方沟子目，截面积 $> 1m^2$ 的现浇混凝土渠道套用渠箱子目。

广东省建设工程标准定额站

2024 年 8 月 27 日

第三部分

定额动态调整管理

关于印发《模块化集成建造定额子目（试行）》的通知

粤标定函〔2023〕156 号

各有关单位：

　　为推动我省模块化集成建筑产业发展，按照《广东省住房和城乡建设厅等部门关于推动智能建造与建筑工业化协同发展的实施意见》(粤建市〔2021〕234 号) 有关部署，我站组织编制了《模块化集成建造定额子目(试行)》，与《广东省房屋建筑与装饰工程综合定额 2018》配套使用。现印发给你们，请遵照执行。

　　在执行中遇到的问题，请通过"广东省工程造价信息化平台——建设工程定额动态管理系统"反映。

　　附件：1. 混凝土结构模块化集成建造定额说明、工程量计算规则及子目
　　　　　2. 钢结构模块化集成建造定额说明、工程量计算规则及子目
　　　　　3.《广东省建设工程施工机具台班费用编制规则 2018》增补内容
　　　　　4. 增补材料表

广东省建设工程标准定额站

2023 年 12 月 21 日

混凝土结构模块化集成建造定额说明、工程量计算规则及子目

混凝土结构模块化集成建造定额说明

一、混凝土结构模块化集成建造定额包括部品吊装、嵌缝注胶、部品连接、二次运输等内容。

二、部品吊装

1. 部品吊装定额中部品按成品考虑。部品体积按设计图示结构混凝土体积计算，部品室内装饰及部件体积不增加。

2. 部品吊装定额中已综合考虑了吊架、吊链、手动葫芦、吊扣、调节定位件及配件的摊销费用。

3. 部品底部水泥砂浆带敷设截面尺寸按 100mm×30mm 考虑，若设计截面尺寸与定额不同时，水泥砂浆用量按比例调整，其余不变。

三、嵌缝注胶适用部品拼装时对顶面、地面、墙面的嵌缝采用注胶密封。定额中注胶缝的断面按 20mm×15mm 编制，若设计断面与定额不同时，密封胶用量按比例调整，其余不变。如设计采用的嵌缝材料种类与定额不同时，材料可以换算。

四、部品连接

1. 部品连接按半灌浆套筒、全灌浆套筒、双螺套、后浇连接方式考虑。

2. 灌浆套筒连接不分部位、方向，按锚入套筒内的钢筋直径不同，以 $\phi18$ 以内及 $\phi32$ 以内分别编制。

3. 后浇连接混凝土浇筑套用《广东省房屋建筑与装饰工程综合定额 2018》A.1.6 章后浇混凝土浇捣相应子目，相应子目人工费乘以系数 1.25。

4. 后浇连接混凝土钢筋制作、安装套用《广东省房屋建筑与装饰工程综合定额 2018》A.1.6 章后浇混凝土钢筋制作、安装相应子目，相应子目人工费乘以系数 1.25，机具台班消耗量乘以系数 1.20。

5. 后浇连接混凝土模板套用《广东省房屋建筑与装饰工程综合定额 2018》A.1.6 章后浇混凝土模板相应子目，相应子目人工费乘以系数 1.25，机具台班消耗量乘以系数 1.20。

五、二次转运

1. 二次转运是指部品因施工环境和场地限制，不能直接运到现场，需要临时堆放，待安装时再次运至现场的情形。二次转运定额适用于运距 10km 以内的费用计价，运距超过 10km 的，其转运费用按市场询价确定。

2. 二次转运已包含部品装车与卸车费用，但不包含临时堆场租赁费用。

3. 二次转运定额中部品体积按设计图示外轮廓尺寸计算。

六、其他

1. 部品在施工现场安装后，部品拼接处预留的室内楼地面、墙面、天棚面装饰装修工程套用《广东省房屋建筑与装饰工程综合定额 2018》相应定额子目，相应子目人工费乘以系数 1.25，材料消耗量乘以系数 1.20。

2. 部品在施工现场安装后，部品拼接处预留的机电安装工程套用《广东省通用安装工程综合定额 2018》各册相应定额子目，相应子目人工费乘以系数 1.25，材料消耗量乘以系数 1.20。

混凝土结构模块化集成建造工程量计算规则

1. 部品吊装工程量按设计图示数量以"个"计算。

2. 嵌缝注胶工程量按部品顶面、地面、墙面接缝设计图示尺寸以"m"计算。

3. 灌浆套筒连接工程量按设计图示数量以"个"计算。

4. 双螺套连接工程量按设计图示数量以"套"计算。

5. 部品二次转运工程量按设计图示数量以"个"计算。

A.1.6.3 混凝土结构模块化集成建造工程
1 部品吊装

工作内容：成品保护拆除，测量放线、水泥砂浆带敷设、垫铁找平，吊架准备、
绑钩试吊、调平，起吊、模块引导精准就位、校正、摘钩。

计量单位：个

定额编号					A1-6-131	A1-6-132	A1-6-133
子目名称					部品吊装		
					体积(m³ 以内)		
					4	8	12
基价(元)					3284.02	4348.73	5786.24
其中	人工费(元)				1533.68	1789.29	2172.71
	材料费(元)				337.28	624.93	860.49
	机具费(元)				755.05	1102.98	1653.12
	管理费(元)				658.01	831.53	1099.92
分类	编码	名称	单位	单价(元)	消耗量		
人工	00010010	人工费	元	—	1533.68	1789.29	2172.71
材料	03214650	混凝土结构模块化集成建筑部品	个	—	[1.000]	[1.000]	[1.000]
	80010690	预拌水泥砂浆 M10	m³	—	(0.181)	(0.258)	(0.368)
	03213021	垫铁	kg	4.87	6.200	12.646	16.722
	35090310	金属周转材料摊销费	元	1.00	191.11	331.91	432.33
	99450760	其他材料费	元	1.00	115.98	231.44	346.73
机具	990306070	自升式塔式起重机 起重力矩 8000(kN·m)	台班	4689.73	0.161	—	—
	990306080	自升式塔式起重机 起重力矩 10000(kN·m)	台班	5866.89	—	0.188	—
	990306090	自升式塔式起重机 起重力矩 13000(kN·m)	台班	7250.52	—	—	0.228

2 嵌缝注胶

工作内容：清理缝道、填塞、裁剪、固定、注胶、现场清理。

计量单位：100m

定额编号					A1-6-134
子目名称					嵌缝注胶
基价(元)					6902.67
其中	人工费(元)				2458.50
	材料费(元)				3737.35
	机具费(元)				—
	管理费(元)				706.82
分类	编码	名称	单位	单价(元)	消耗量
人工	00010010	人工费	元	—	2458.50
材料	02150020	PE棒	m	15.00	102.000
	14410450	耐候胶	L	61.79	31.500
	14430190	双面贴 宽10	m	0.92	204.000
	99450760	其他材料费	元	1.00	73.28

3 部品连接

（1）灌浆套筒连接

工作内容：结合面清理、注浆料搅拌、注浆、养护、现场清理。

计量单位：10 个

定额编号				A1-6-135	A1-6-136	A1-6-137	A1-6-138
子目名称				灌浆套筒连接 （半灌浆接头）		灌浆套筒连接 （全灌浆接头）	
				钢筋直径			
				$\phi \leqslant 18$	$\phi \leqslant 32$	$\phi \leqslant 18$	$\phi \leqslant 32$
基价（元）				254.40	317.92	306.90	400.31
其中	人工费（元）			195.30	242.46	234.36	303.08
	材料费（元）			2.95	5.75	5.16	10.09
	机具费（元）			—	—	—	—
	管理费（元）			56.15	69.71	67.38	87.14
分类	编码	名称	单位	单价 （元）	消耗量		
人工	00010010	人工费	元	—	195.30	242.46	234.36	303.08
材料	13410007	套筒灌浆料	kg	—	［2.898］	［11.376］	［8.514］	［25.951］
	34110010	水	m³	4.58	0.560	0.950	0.896	1.520
	99450760	其他材料费	元	1.00	0.39	1.40	1.06	3.12

（2）双螺套连接

工作内容：锁紧安装螺套、锁紧螺母、调直、连接套筒安装、锁紧。

计量单位：10 套

定额编号					A1-6-139	
子目名称					双螺套连接	
基价（元）					518.64	
其中	人工费（元）				120.00	
	材料费（元）				364.14	
	机具费（元）				—	
	管理费（元）				34.50	
分类	编码	名称	单位	单价（元）	消耗量	
人工	00010010	人工费	元	—	120.00	
材料	03230413	MT 双螺套组合接头	套	35.00	10.200	
	99450760	其他材料费	元	1.00	7.14	

232

4 二次转运

工作内容：部品装卸、运输。

计量单位：个

定额编号			A1-6-140	A1-6-141	A1-6-142	A1-6-143
子目名称			二次转运			
			部品体积30m³以内		部品体积100m³以内	
			1km内	每增加1km	1km内	每增加1km
基价(元)			1158.68	63.19	1782.38	75.41
其中	人工费(元)		250.00	—	312.50	—
	材料费(元)		172.14	—	213.98	—
	机具费(元)		516.24	49.08	905.68	58.57
	管理费(元)		220.30	14.11	350.22	16.84

分类	编码	名称	单位	单价(元)	消耗量			
人工	00010010	人工费	元	—	250.00	—	312.50	—
材料	03213001	铁件 综合	kg	4.84	1.560	—	3.120	—
	05030320	垫木	m³	1549.95	0.002	—	0.004	—
	35090310	金属周转材料摊销费	元	1.00	158.11	—	188.48	—
	99450760	其他材料费	元	1.00	3.38	—	4.20	—
机具	990304064	汽车式起重机 提升质量 100(t)	台班	5862.96	0.057	—	—	—
	990304080	汽车式起重机 提升质量 150(t)	台班	10627.37	—	—	0.063	—
	990403025	平板拖车组 装载质量 30(t)	台班	1583.07	0.115	0.031	—	—
	990403030	平板拖车组 装载质量 40(t)	台班	1889.28	—	—	0.125	0.031

工作内容：部品装卸、运输。

定额编号					A1-6-144	A1-6-145
子目名称					二次转运	
					部品体积150m³以内	
					1km内	每增加1km
基价(元)					2172.56	79.35
其中	人工费(元)				375.00	—
	材料费(元)				255.28	—
	机具费(元)				1114.15	61.63
	管理费(元)				428.13	17.72
分类	编码	名称	单位	单价(元)	消耗量	
人工	00010010	人工费	元	—	375.00	—
材料	03213001	铁件 综合	kg	4.84	4.680	—
	05030320	垫木	m³	1549.95	0.006	—
	35090310	金属周转材料摊销费	元	1.00	218.32	—
	99450760	其他材料费	元	1.00	5.01	—
机具	990304088	汽车式起重机 提升质量200(t)	台班	12437.70	0.068	—
	990403035	平板拖车组 装载质量50(t)	台班	1988.04	0.135	0.031

钢结构模块化集成建造定额说明、工程量计算规则及子目

钢结构模块化集成建造定额说明

一、钢结构模块化集成建造定额包括预埋件安装、部品吊装、部品连接、防水拼缝处理、二次转运等内容。

二、部品吊装

1. 定额中部品按成品考虑。部品体积按设计图示结构外轮廓尺寸计算，部品外露钢筋、管线等体积不增加。

2. 部品吊装中施工机具按多层建筑考虑，若为高层建筑的吊装施工机具与定额不同时，可按经批准的施工方案调整。

三、部品连接

1. 部品连接包括横向连接和竖向连接。

2. 横向连接子目分别按箱底、顶连接板，箱间连接板编制。

3. 竖向连接子目分别按高强螺栓连接、螺杆连接及灌浆连接编制。

四、防水拼缝处理定额适用于部品间的横向与纵向防水处理，拼缝宽度按 5cm 以内考虑。

五、二次转运

1. 二次转运是指部品因施工环境和场地限制，不能直接运到现场，需要临时堆放，待安装时再次运至现场的情形。二次转运定额适用于运距 10km 以内的费用计价，运距超过 10km 的，其转运费用按市场询价确定。

2. 二次转运已包含部品装车与卸车费用，但不包含临时堆场租赁费用。

3. 二次转运定额中部品体积按设计图示外轮廓尺寸计算。

六、其他

1. 部件、部品安装后，施工现场预留的二次除锈、二次油漆工程、二次防火工程，套用《广东省房屋建筑与装饰工程综合定额 2018》相应定额子目，

人工费乘以系数 1.25，材料消耗量乘以系数 1.20。

2. 部件、部品安装后的角件盒轻质混凝土回填工程，套用《广东省房屋建筑与装饰工程综合定额 2018》相应定额子目，人工费乘以系数 1.25，材料消耗量乘以系数 1.20。

3. 部件、部品安装后，施工现场预留的楼地面、墙面、天棚面拼接处的二次填充、二次装饰工程，套用《广东省房屋建筑与装饰工程综合定额 2018》相应定额子目，人工费乘以系数 1.25，材料消耗量乘以系数 1.20；

4. 部件、部品安装后，施工现场预留的拼接处的二次机电工程，套用《广东省通用安装工程综合定额 2018》各册相应定额子目，人工费乘以系数 1.25，材料消耗量乘以系数 1.20。

钢结构模块化集成建造工程量计算规则

1. 预埋部件安装工程量按埋件板设计图示尺寸的质量以"t"计算。

2. 部品吊装工程量按设计图示数量以"个"计算。

3. 连接板安装工程量按连接板设计图示尺寸的质量以"t"计算。

4. 高强螺栓工程量按设计图示数量以"套"计算。

5. 螺杆安装工程量按设计图示数量以"套"计算，以单层模块的螺杆安装长度为一套，包含螺杆及连接套筒。

6. 灌浆连接工程量按灌浆孔设计图示数量的体积以"个"计算。

7. 拼缝处理工程量按设计图示嵌缝长度以"m"计算。

8. 二次转运工程量按部品设计图示数量以"个"计算。

A.1.7.8 钢结构模块化集成建造工程

1 预埋件安装

工作内容：1. 钢筋焊接：测量放线，预埋板定位、安装就位、调平、焊接固定。

2. 地脚螺栓连接：测量放线，预埋板定位、调平，地脚螺栓安装就位、固定。

计量单位：t

定额编号					A1-7-168	A1-7-169
子目名称					预埋件安装	
					钢筋焊接	地脚螺栓连接
基价(元)					3270.29	3711.50
其中	人工费(元)				2256.94	2604.17
	材料费(元)				211.83	240.61
	机具费(元)				115.06	87.69
	管理费(元)				686.46	779.03
分类	编码	名称	单位	单价(元)	消耗量	
人工	00010010	人工费	元	—	2256.94	2604.17
材料	03214620	预埋件(钢筋焊接)	kg	—	[1010.000]	—
	03214630	预埋件(含地脚螺栓)	kg	—	—	[1010.000]
	03135001	低碳钢焊条 综合	kg	6.01	21.000	21.000
	99450760	其他材料费	元	1.00	85.62	114.40
机具	990901015	交流弧焊机 容量 30(kV·A)	台班	94.70	1.215	0.926

238

2 部品吊装

工作内容：成品保护包装拆除，测量放线，专业吊架准备、吊索具固定，部品卸车、起吊、落位、校正、安装。

计量单位：个

定额编号				A1-7-170	A1-7-171	A1-7-172
子目名称				部品吊装		
				体积(m³ 以内)		
				100	180	260
基价(元)				8227.19	12465.59	16296.93
其中		人工费(元)		2250.00	2958.33	4333.33
		材料费(元)		375.63	449.01	539.04
		机具费(元)		3839.31	6361.18	7887.77
		管理费(元)		1762.25	2697.07	3536.79
分类	编码	名称	单位	单价(元)	消耗量	
人工	00010010	人工费	元	—	2250.00	2958.33	4333.33
材料	33010670	钢结构模块化集成部品	个	—	[1.000]	[1.000]	[1.000]
	35090310	金属周转材料摊销费	元	1.00	248.34	289.73	347.68
	99450760	其他材料费	元	1.00	127.29	159.28	191.36
机具	990304092	汽车式起重机 提升质量 300(t)	台班	11529.46	0.333	—	—
	990304096	汽车式起重机 提升质量 350(t)	台班	12722.36	—	0.500	—
	990304100	汽车式起重机 提升质量 400(t)	台班	14186.63	—	—	0.556

239

3 部品连接

(1) 横向连接

工作内容：表面清理、测量放线、连接板定位、标高调整（加垫铁）、安装就位、
复测调整、焊接固定、打胶密封。

计量单位：t

定额编号					A1-7-173	A1-7-174
子目名称					横向连接	
					箱底、顶连接板	箱间连接板
基价(元)					5655.84	6730.59
其中	人工费(元)				3750.00	4583.33
	材料费(元)				776.75	777.00
	机具费(元)				34.00	34.00
	管理费(元)				1095.09	1336.26
分类	编码	名称	单位	单价(元)	消耗量	
人工	00010010	人工费	元	—	3750.00	4583.33
材料	03214640	连接板	kg	—	[1010.000]	[1010.000]
	03135001	低碳钢焊条 综合	kg	6.01	20.600	20.600
	03213021	垫铁	kg	4.87	68.670	68.670
	14410235	硅酮耐候密封胶	kg	19.00	12.000	12.000
	99450760	其他材料费	元	1.00	90.52	90.77
机具	990901015	交流弧焊机 容量 30(kV·A)	台班	94.70	0.359	0.359

(2) 竖向连接

工作内容：1. 高强螺栓连接：表面清理、高强螺栓（含螺母及垫片）初拧、终拧及安装就位。

2. 螺杆连接：表面清理、套筒安装、螺杆安装。

3. 灌浆连接：灌浆孔清理、灌浆料搅拌、灌浆、封堵。

计量单位：见表

定额编号					A1-7-175	A1-7-176	A1-7-177
子目名称					高强螺栓连接	螺杆连接	灌浆连接
					100套	100套	个
基价(元)					1245.60	7103.61	132.58
其中	人工费(元)				651.04	4166.67	56.25
	材料费(元)				26.78	391.40	2.08
	机具费(元)				294.22	1039.02	44.96
	管理费(元)				273.56	1506.52	29.29
分类	编码	名称	单位	单价(元)	消耗量		
人工	00010010	人工费	元	—	651.04	4166.67	56.25
材料	03011330	高强度螺栓	套	—	[103.000]	—	—
	03019770	连接螺杆(含螺母及垫片)	套	—	—	[103.000]	—
	13410005	灌浆料	m³	—	—	—	[88.990]
	99450760	其他材料费	元	1.00	26.78	391.40	2.08
机具	990219010	电动灌浆机	台班	26.87	—	—	0.031
	990513020	汽车式高空作业车提升高度21(m)	台班	1050.65	0.163	0.521	0.042
	991215353	扭力扳手	台班	236.02	0.521	2.083	—

4 防水拼缝处理

工作内容：表面清理、PE棒填塞、岩棉填塞、丁基防水胶带粘贴。

计量单位：10m

定额编号					A1-7-178
子目名称					防水拼缝处理
基价(元)					1035.85
其中	人工费(元)				625.00
	材料费(元)				194.74
	机具费(元)				27.32
	管理费(元)				188.79
分类	编码	名称	单位	单价(元)	消耗量
人工	00010010	人工费	元	—	625.00
材料	02150020	PE棒	m	15.00	10.500
	15030040	岩棉板 150mm 120kg/m³	m²	42.00	0.053
	14430333	丁基自粘胶带	圈	43.20	0.700
	14410235	硅酮耐候密封胶	kg	19.00	0.050
	99450760	其他材料费	元	1.00	3.82
机具	990513020	汽车式高空作业车 提升高度21(m)	台班	1050.65	0.026

5 二次转运

工作内容：部品装卸、运输。

计量单位：个

定额编号					A1-7-179	A1-7-180
子目名称					二次转运	
					部品体积(100m³ 以内)	
					1km 以内	每增加 1km
基价(元)					1114.40	56.18
其中	人工费(元)				312.50	—
	材料费(元)				127.04	—
	机具费(元)				550.05	49.08
	管理费(元)				124.81	7.10
分类	编码	名称	单位	单价(元)	消耗量	
人工	00010010	人工费	元	—	312.50	—
材料	35090310	金属周转材料摊销费	元	1.00	123.75	
	99450760	其他材料费	元	1.00	3.29	—
机具	990304056	汽车式起重机 提升质量 80(t)	台班	4649.65	0.104	—
	990403025	平板拖车组 装载质量 30(t)	台班	1583.07	0.042	0.031

工作内容：部品装卸、运输。

计量单位：个

定额编号					A1-7-181	A1-7-182
子目名称					二次转运	
					部品体积（180m³ 以内）	
					1km 以内	每增加 1km
基价(元)					1663.04	67.05
其中		人工费(元)			375.00	—
		材料费(元)			148.11	—
		机具费(元)			948.43	58.57
		管理费(元)			191.50	8.48
分类	编码	名称	单位	单价(元)	消耗量	
人工	00010010	人工费	元	—	375.00	—
材料	35090310	金属周转材料摊销费	元	1.00	144.37	—
	99450760	其他材料费	元	1.00	3.74	—
机具	990304080	汽车式起重机 提升质量150(t)	台班	10627.37	0.080	—
	990403030	平板拖车组 装载质量40(t)	台班	1889.28	0.052	0.031

244

工作内容：部品装卸、运输。

计量单位：个

定额编号					A1-7-183	A1-7-184
子目名称					二次转运	
					部品体积(200m³ 以内)	
					1km 以内	每增加 1km
基价(元)					2102.91	70.55
其中	人工费(元)				437.50	—
	材料费(元)				177.36	—
	机具费(元)				1244.64	61.63
	管理费(元)				243.41	8.92
分类	编码	名称	单位	单价(元)	消耗量	
人工	00010010	人工费	元	—	437.50	—
材料	35090310	金属周转材料摊销费	元	1.00	173.25	—
	99450760	其他材料费	元	1.00	4.11	—
机具	990304088	汽车式起重机 提升质量 200(t)	台班	12437.70	0.090	—
	990403035	平板拖车组 装载质量 50(t)	台班	1988.04	0.063	0.031

附件3：

《广东省建设工程施工机具台班费用编制规则2018》增补内容

单位：台班

编码			990306060	990306070	990306080	990306090	991215353
子 目 名 称	单位	单价	自升式塔式起重机				扭力扳手
			起重力矩（kN·m）				
		（元）	6000	8000	10000	13000	200～1000 N·m
台班单价	元		4080.55	4689.73	5866.89	7250.52	236.01
费用组成	折旧费	元	1.00	1477.44	1815.51	2311.54	2926.00	4.74
	检修费	元	1.00	317.08	389.63	496.09	627.96	0.56
	维护费	元	1.00	665.87	818.23	1041.78	1318.72	0.72
	安拆费	元	1.00					
	人工	工日	230.00	3.00	3.00	3.00	3.00	1.00
	燃料动力	汽油	kg	6.38					
		柴油	kg	5.65					
		电	kW·h	0.77	1208.00	1268.00	1724.00	2192.00	
		水	m³	4.58					
	燃料动力费	元		930.16	976.36	1327.48	1687.84	
	其他费用	元						

编码			990304092	990304096	990304100	990304104	990304108
子目名称	单位	单价	汽车式起重机				
			提升质量（t）				
		（元）	300	350	400	450	500
台班单价	元		11529.46	12722.36	14186.63	16120.16	17409.17
费用组成	折旧费	元	1.00	4412.75	4902.00	5505.25	6317.50	6835.25
	检修费	元	1.00	1984.27	2204.27	2475.53	2840.77	3073.59
	维护费	元	1.00	4107.44	4562.84	5124.35	5880.39	6362.33
	安拆费	元	1.00					
	人工	工日	230.00	2.00	2.00	2.00	2.00	2.00
	燃料动力 汽油	kg	6.38					
	柴油	kg	5.65	100.00	105.00	110.00	110.00	120.00
	电	kW·h	0.77					
	水	m³	4.58					
	燃料动力费	元		565.00	593.25	621.50	621.50	678.00
	其他费用	元						

247

增补材料表

序号	名称	编码	单位	单价
1	混凝土结构模块化集成建筑部品	03214650	个	—
2	金属周转材料摊销费	35090310	元	1.00
3	MT 双螺套组合接头	03230413	套	35.00
4	预埋件（钢筋焊接）	03214620	kg	—
5	预埋件（含地脚螺栓）	03214630	kg	—
6	钢结构模块化集成部品	33010670	个	—
7	连接板	03214640	kg	—
8	连接螺杆（含螺母及垫片）	03019770	套	—

关于印发广东省建设工程定额
动态调整的通知（第 27 期）

粤标定函〔2023〕145 号

各有关单位：

近期，我站组织专家研析了广东省建设工程定额动态管理系统收集的反馈意见，现将《广东省传统建筑保护修复工程综合定额（试行）2018》相关调整内容印发。所调整内容与我省现行工程计价依据配套使用，除合同另有约定外，已经合同双方确认的工程造价成果文件不作调整。执行中遇到的问题，请通过"广东省工程造价信息化平台——建设工程定额动态管理系统"及时反映。

附件：《广东省传统建筑保护修复工程综合定额（试行）2018》动态调整
内容

广东省建设工程标准定额站
2023 年 11 月 20 日

附件：

《广东省传统建筑保护修复工程综合
定额（试行）2018》动态调整内容

页码	部位或子目编号	原内容	调整为
			W.1.2 传统瓦作工程
36	章说明		增： 二十二、定额中青砖规格分 315×140×75 和 260×105×58，当设计要求规格小于 315×140×75 时，执行规格 260×105×58 相应子目进行换算，人工费不作调整。灰浆品种、厚度与定额不同时，应作调整换算
			增： 二十三、定额中瓦面新造及修辑是按常用做法编制，如瓦片规格或灰浆品种、含量设计要求与定额不同时，以设计要求进行换算
			增： 二十四、梁、桁、檩、枋入墙的洞口修补，按入墙的梁、桁、檩、枋直径或边长两边各增加 100mm 为边长，以矩形面积计算，修补面积不扣除梁、桁、檩、枋所占面积，执行对应砖墙修辑定额子目，人工费乘以系数 2
37	工程量计算规则	十二、砖雕线刻、阴刻、阳刻、浮雕修辑、制安工程量按修辑、设计图示尺寸以"m²"计算，以 2cm 厚为基本计算基层，超过 2cm 的，每增加 2cm/层，可分层递增计算，最外一层不足 2cm 厚按一层计算	十二、砖雕线刻、阴刻、阳刻、浮雕修辑、制安工程量按修辑、设计图示尺寸以"m²"计算，不足 1m²，以 1m² 计算。浮雕以 2cm 厚为基本计算基层，厚浮雕以 5cm 厚为基本计算基层，超过基层厚度的，每增加 2cm/层，可分层递增计算，最外一层不足 2cm 厚按一层计算
40	W1-2-5	块料地面拆除 大理石	（删除）
	W1-2-6	块料地面拆除 花岗石	（删除）
62	W1-2-81 ～ W1-2-82		增： 注：花阶砖波打线套用花阶砖地面，人工费乘以系数 1.25，材料费乘以系数 1.05

页码	部位或子目编号	原内容	调整为
			W.1.2 传统瓦作工程
68	W1-2-105、W1-2-107		增： 注：砌 1/2 密缝磨面砖墙如不带码，基价乘以系数 0.87
74	W1-2-123 ～ W1-2-126		增： 注：抹灰厚度，石灰砂浆及各种底灰厚度为 15mm，面灰厚度为 3mm，如设计抹灰厚度与定额不同时，可以换算砂浆用量，其他不作调整
76	W1-2-132		增： 注：清水砖墙面刷洗，套用水刷石面刷洗，人工费乘以系数 0.80
85	W1-2-161 ～ W1-2-168		增： 注：屋面铺瓦，定额均按底瓦平铺，若采用搭三留七形式，W1-2-161 至 W1-2-168 中的瓦片增加 9 块，灰浆增加 $0.002m^3$，人工费乘以系数 1.10
119	W1-2-268 ～ W1-2-269		增： 注：花阶砖波打线套用花阶砖地面，人工费乘以系数 1.25，材料费乘以系数 1.05
124	W1-2-288、W1-2-290		增： 注：砌 1/2 密缝磨面砖墙如不带码，基价乘以系数 0.87
129	W1-2-305 ～ W1-2-309		增： 注：抹灰厚度，石灰砂浆及各种底灰厚度为 15mm，面灰厚度为 3mm，如设计抹灰厚度与定额不同时，可以换算砂浆用量，其他不作调整
137	W1-2-336 ～ W1-2-343		增： 注：屋面铺瓦，定额均按底瓦平铺，若设计采用搭三留七形式，W1-2-336 至 W1-2-343 中的瓦片增加 9 块，灰浆增加 $0.002m^3$，人工费乘以 1.10

页码	部位或子目编号	原内容	调整为
		W.1.2传统瓦作工程	
62	W1-2-83	基价(元) 308.03 人工费(元) 44.00 材料费(元) 255.23 管理费(元) 8.80	基价(元) 661.45 人工费(元) 321.42 材料费(元) 275.75 管理费(元) 64.28
		04030015 中砂 0.050 04090017 石灰 0.008	(删除)
		00010010 人工费 44.00 09090055 石灰膏 0.002	00010010 人工费 321.42 09090055 石灰膏 0.073
	W1-2-84	基价(元) 240.33 人工费(元) 10.40 材料费(元) 227.85 管理费(元) 2.08	基价(元) 320.41 人工费(元) 75.97 材料费(元) 229.25 管理费(元) 15.19
		00010010 人工费 10.40 04030015 中砂 0.040 04090190 石灰 0.007	00010010 人工费 75.97 04030015 中砂 0.050 04090190 石灰 0.009
63	W1-2-85	基价(元) 491.38 人工费(元) 52.80 材料费(元) 428.02 管理费(元) 10.56	基价(元) 739.25 人工费(元) 385.70 材料费(元) 276.41 管理费(元) 77.14
		00010010 人工费 52.80 80030170 现场搅拌 石灰砂浆1:3 0.672	00010010 人工费 385.70 80030250 预拌石灰砂浆1:3 (0.672)
	W1-2-86	基价(元) 363.68 人工费(元) 12.48 材料费(元) 348.70 管理费(元) 2.50	基价(元) 338.77 人工费(元) 91.19 材料费(元) 229.34 管理费(元) 18.24
		00010010 人工费 12.48 04030015 中砂 0.053 80030170 现场搅拌 石灰砂浆1:3 0.528	00010010 人工费 91.17 04030015 中砂 0.050 80030250 预拌石灰砂浆1:3 (0.528)
	W1-2-87 ～ W1-2-88	青、红砖	青砖

页码	部位或子目编号	原内容	调整为
		W.1.2 传统瓦作工程	
63	W1-2-87	基价(元) 109.48 　材料费(元) 54.76 　管理费(元) 9.12	基价(元) 109.03 　材料费(元) 54.31 　管理费(元) 9.12
		80030170 现场搅拌 石灰砂浆 1：3 0.002	80030250 预拌石灰砂浆 1：3（0.002）
	W1-2-88	基价(元) 221.95 　材料费(元) 124.99 　管理费(元) 16.16	基价(元) 211.35 　材料费(元) 114.39 　管理费(元) 16.16
		80030170 现场搅拌 石灰砂浆 1：3 0.047	80030250 预拌石灰砂浆 1：3（0.047）
85	W1-2-161	基价(元) 374.6 　材料费(元) 202.04	基价(元) 376.16 　材料费(元) 203.60
		80030070 麻刀石灰浆（配合比）0.011	80030070 麻刀石灰浆（配合比）0.017
	W1-2-162	基价(元) 364.40 　材料费(元) 191.84	基价(元) 365.96 　材料费(元) 193.40
		80030070 麻刀石灰浆（配合比）0.011	80030070 麻刀石灰浆（配合比）0.017
	W1-2-163	基价(元) 352.51 　材料费(元) 179.95	基价(元) 354.07 　材料费(元) 181.51
		80030070 麻刀石灰浆（配合比）0.011	80030070 麻刀石灰浆（配合比）0.017
	W1-2-163-1	—	增:（子目见后附1） 辘筒土瓦面 维修剔补 单层瓦搭七留三
	W1-2-163-2	—	增:（子目见后附1） 辘筒土瓦面 双筒双瓦 维修剔补 单层底瓦平铺 双层面瓦搭七留三 双层瓦筒
86	W1-2-164	基价(元) 314.62 　材料费(元) 191.74	基价(元) 316.18 　材料费(元) 193.30
		80030070 麻刀石灰浆（配合比）0.011	80030070 麻刀石灰浆（配合比）0.017
	W1-2-165	基价(元) 304.42 　材料费(元) 181.54	基价(元) 305.98 　材料费(元) 183.10
		80030070 麻刀石灰浆（配合比）0.011	80030070 麻刀石灰浆（配合比）0.017

页码	部位或子目编号	原内容	调整为
		W.1.2 传统瓦作工程	
86	W1-2-166	基价(元)292.53 材料费(元)169.65 80030070 麻刀石灰浆(配合比)0.011	基价(元)294.09 材料费(元)171.21 80030070 麻刀石灰浆(配合比)0.017
	W1-2-166-1	—	增:(子目见后附2) 抹脚土瓦面 维修剔补 单层瓦搭七留三
87	W1-2-167	基价(元)411.37 材料费(元)238.81 80030070 麻刀石灰浆(配合比)0.011	基价(元)414.50 材料费(元)241.94 80030070 麻刀石灰浆(配合比)0.023
	W1-2-168	基价(元)351.39 材料费(元)228.51 80030070 麻刀石灰浆(配合比)0.011	基价(元)354.52 材料费(元)231.64 80030070 麻刀石灰浆(配合比)0.023
88	W1-2-170	基价(元)321.15 材料费(元)185.51 80030070 麻刀石灰浆(配合比)0.004	基价(元)326.10 材料费(元)190.46 80030070 麻刀石灰浆(配合比)0.023
89	W1-2-172	基价(元)322.81 材料费(元)155.77 80030070 麻刀石灰浆(配合比)0.004	基价(元)327.76 材料费(元)160.72 80030070 麻刀石灰浆(配合比)0.023
	W1-2-173	基价(元)79.54 人工费(元)34.56 管理费(元)6.91 00010010 人工费 34.56	基价(元)120.20 人工费(元)68.44 管理费(元)13.69 00010010 人工费 68.44
90	W1-2-175	基价(元)605.06 材料费(元)546.73 80030070 麻刀石灰浆(配合比)0.001	基价(元)612.62 材料费(元)554.29 80030070 麻刀石灰浆(配合比)0.030
	W1-2-176-1	—	增:(子目见后附3) 瓦面修辑 客家青瓦檐口线

页码	部位或子目编号	原内容	调整为

W.1.2 传统瓦作工程

页码	部位或子目编号	原内容	调整为
95	W1-2-192 ～ W1-2-195	工作内容:砂浆(制作)、剔除、修补、垫层、砌筑、批荡	工作内容:砂浆(制作)、剔除、修补、垫层铺筑、砖砌筑、批荡
	W1-2-192	基价(元) 103.52 　材料费(元) 11.72	基价(元) 284.51 　材料费(元) 192.71
		04010015 复合普通硅酸盐水泥 P.C 32.5 04030015 中砂 04090190 石灰 04130110 红砖	(删除)
			增: 04090055 石灰膏 m³ 378.64 0.067 04130120 青砖 260×105×58 5.28 31.420
	W1-2-193	基价(元) 157.70 　材料费(元) 18.46	基价(元) 508.45 　材料费(元) 369.21
		04010015 复合普通硅酸盐水泥 P.C 32.5 04030015 中砂 04090190 石灰 04130110 红砖	(删除)
			增: 04090055 石灰膏 m³ 378.64 0.106 04130120 青砖 260×105×58 5.28 61.910
	W1-2-194	基价(元) 130.31 　材料费(元) 15.09	基价(元) 393.53 　材料费(元) 278.31
		04010015 复合普通硅酸盐水泥 P.C 32.5 04030015 中砂 04090190 石灰 04130110 红砖	(删除)
			增: 04090055 石灰膏 m³ 378.64 0.086 04130120 青砖 260×105×58 5.28 46.200

页码	部位或子目编号	原内容	调整为
		W.1.2 传统瓦作工程	
95	W1-2-195	基价(元) 223.36 　材料费(元) 56.28	基价(元) 574.11 　材料费(元) 407.03
		04010015 复合普通硅酸盐水泥 P.C 32.5 04030015 中砂 04090190 石灰 04130110 红砖	(删除)
			增： 04090055 石灰膏 m³ 378.64 0.106 04130120 青砖 260×105×58 5.28 61.910
97	W1-2-202	基价(元) 120.88 　材料费(元) 34.48	基价(元) 279.40 　材料费(元) 193.00
		80010630 预拌水泥砂浆 1：2 80010640 预拌水泥砂浆 1：2.5 80050480 预拌水泥石灰砂浆 M 2.5 04010020 复合普通硅酸盐水泥 P.C 32.5 04030015 中砂 04090190 石灰 04130020 蒸压灰砂砖 240×115×53 80010430 现场搅拌 水泥砂浆 1：2.5 80050580 现场搅拌 水泥石灰砂浆 M 2.5 80330090 碎砖四合土(配合比)1：1：5：10	(删除)
			增： 04090055 石灰膏 m³ 378.64 0.067 04130120 青砖 260×105×58 5.28 31.420
	W1-2-203	基价(元) 289.17 　材料费(元) 238.29	基价(元) 294.19 　材料费(元) 243.31
		80010650 预拌水泥砂浆 1：3 80010670 预拌水泥砂浆 M 5.0 04010020 复合普通硅酸盐水泥 P.C 32.5 04030015 中砂 04090190 石灰	(删除)

页码	部位或子目编号	原内容	调整为
		W.1.2 传统瓦作工程		

页码	部位或子目编号	原内容	调整为
97	W1-2-203		增： 04090055 石灰膏 m³ 378.64 0.020
	W1-2-203-1	—	增：(子目见后附 4) 天沟修辑 维修剔补 瓦水槽 檐口平沟
99	W1-2-206	基价(元) 159.30 材料费(元) 58.50	基价(元) 437.53 材料费(元) 336.73
		80212090 粗集料最大粒径 20mm 混凝土 C20 80050490 预拌水泥石灰砂浆 M 5.0 03010065 铁钉 04010020 复合普通硅酸盐水泥 P. C 32.5 04030015 中砂 04050002 碎石 04090190 石灰 04130110 红砖 80030070 麻刀石灰浆(配合比)	(删除)
		99450760 其他材料费 1.38	99450760 其他材料费 3.33
			增： 04090055 石灰膏 m³ 378.64 0.043 04130120 青砖 260×105×58 5.28 60.060
	W1-2-207	基价(元) 97.54 材料费(元) 11.14	基价(元) 582.86 材料费(元) 496.46
		80050490 预拌水泥石灰砂浆 M 5.0 04010020 复合普通硅酸盐水泥 P. C 32.5 04030015 中砂 04050002 碎石 04090190 石灰 04130110 红砖 80030070 麻刀石灰浆(配合比)	(删除)
		99450760 其他材料费 0.17	99450760 其他材料费 1.73
			增： 04090055 石灰膏 m³ 378.64 0.25 04130120 青砖 260×105×58 5.28 75.770

257

页码	部位或子目编号	原内容	调整为
		W.1.2 传统瓦作工程	
105	W1-2-224-1	—	增:(子目见后附5) 墀头、花窗、门檐、柱头、墙头砖雕修辑 厚浮雕(基层:5cm 以内) 立体组合图案
	W1-2-224-2	—	增:(子目见后附5) 墀头、花窗、门檐、柱头、墙头砖雕修辑 每增加厚度 2cm/层 立体组合图案
119	W1-2-271	基价(元) 249 　人工费(元) 19.20 　管理费(元) 3.84 00010010 人工费 19.20	基价(元) 310.06 　人工费(元) 70.08 　管理费(元) 14.02 00010010 人工费 70.08
120	W1-2-272	基价(元) 348.47 　材料费(元) 108.85 36050005 寸方大阶砖 250×250 7.330	基价(元) 526.47 　材料费(元) 286.85 36050005 寸方大阶砖 250×250 20.960
	W1-2-273	基价(元) 253.39 　人工费(元) 23.04 　材料费(元) 225.74 　管理费(元) 4.61 00010010 人工费 23.04 36050005 寸方大阶砖 250×250 16.320	基价(元) 310.77 　人工费(元) 70.64 　材料费(元) 226.00 　管理费(元) 14.13 00010010 人工费 70.64 36050005 寸方大阶砖 250×250 16.340
	W1-2-274 ～ W1-2-275	青(红)砖	青砖
137	W1-2-336	基价(元) 339.98 　材料费(元) 187.82 80030070 麻刀石灰浆(配合比) 0.011	基价(元) 343.89 　材料费(元) 191.73 80030070 麻刀石灰浆(配合比) 0.017
	W1-2-337	基价(元) 333.67 　材料费(元) 181.51 80030070 麻刀石灰浆(配合比) 0.011	基价(元) 337.58 　材料费(元) 185.42 80030070 麻刀石灰浆(配合比) 0.017

页码	部位或子目编号	原内容	调整为
		W.1.2 传统瓦作工程	
137	W1-2-338	基价(元) 299.54 材料费(元) 175.22	基价(元) 303.45 材料费(元) 179.13
		80030070 麻刀石灰浆(配合比) 0.011	80030070 麻刀石灰浆(配合比) 0.017
	W1-2-338-1	—	增:(子目见后附6) 辘筒土瓦面 单层瓦搭七留三
	W1-2-338-2	—	增:(子目见后附6) 辘筒土瓦 双筒双瓦 单层底瓦平铺 双层面瓦搭七留三 双层瓦筒
138	W1-2-339	基价(元) 289.84 材料费(元) 177.52	基价(元) 293.75 材料费(元) 181.43
		80030070 麻刀石灰浆(配合比) 0.011	80030070 麻刀石灰浆(配合比) 0.017
	W1-2-340	基价(元) 283.53 材料费(元) 171.21	基价(元) 287.44 材料费(元) 175.12
		80030070 麻刀石灰浆(配合比) 0.011	80030070 麻刀石灰浆(配合比) 0.017
	W1-2-341	基价(元) 277.24 材料费(元) 164.92	基价(元) 281.15 材料费(元) 168.83
		80030070 麻刀石灰浆(配合比) 0.011	80030070 麻刀石灰浆(配合比) 0.017
	W1-2-341-1	—	增:(子目见后附7) 抹脚土瓦面 单层底搭七留三
139	W1-2-342	基价(元) 376.75 材料费(元) 224.59	基价(元) 382.22 材料费(元) 230.06
		80030070 麻刀石灰浆(配合比) 0.011	80030070 麻刀石灰浆(配合比) 0.023
	W1-2-343	基价(元) 326.61 材料费(元) 214.29	基价(元) 332.08 材料费(元) 219.76
		80030070 麻刀石灰浆(配合比) 0.011	80030070 麻刀石灰浆(配合比) 0.023

页码	部位或子目编号	原内容	调整为
		W.1.2 传统瓦作工程	
	W1-2-345	基价(元) 267.13 　材料费(元) 155.77	基价(元) 272.08 　材料费(元) 160.72
		80030070 麻刀石灰浆(配合比) 0.004	80030070 麻刀石灰浆(配合比) 0.023
140	W1-2-348	基价(元) 113.51 　材料费(元) 62.47	基价(元) 605.31 　材料费(元) 554.27
		04170053 小青瓦底瓦 200×200×13-G 7.400	04170053 小青瓦底 200×200×13-G 74.000
		04170043 小青瓦盖瓦 160×160×11-G 13.640	04170043 小青瓦盖瓦 160×160×11-G 136.400
		99450760 其他材料费 1.59	99450760 其他材料费 15.90
	W1-2-348-1	—	增:(子目见后附8) 瓦面 客家青瓦檐口线
	W1-2-365 ～ W1-2-368	工作内容:运料、砂浆(制作)、砌筑	工作内容:基底平整夯实、运料、砂浆(制作)、垫层铺筑、砖砌筑、批荡
145	W1-2-365	基价(元) 72.76 　材料费(元) 11.56	基价(元) 253.92 　材料费(元) 192.72
		80330093 碎砖四合土 1:1:5:10 80010630 预拌水泥砂浆 1:2 80050490 预拌水泥石灰砂浆 M 5.0 04010015 复合普通硅酸盐水泥 P.C 32.5 04030015 中砂 04090190 石灰 04130110 红砖	(删除)
			增: 04090055 石灰膏 m³ 378.64 0.067 04130120 青砖 260×105×58 5.28 31.420

页码	部位或子目编号	原内容	调整为
		W.1.2 传统瓦作工程	
145	W1-2-366	基价(元) 111.12 材料费(元) 18.29	基价(元) 460.60 材料费(元) 367.77
		80330093 碎砖四合土 1：1：5：10 80010630 预拌水泥砂浆 1：2 80050490 预拌水泥石灰砂浆 M 5.0 04010015 复合普通硅酸盐水泥 P.C 32.5 04030015 中砂 04090190 石灰 04130110 红砖	（删除）
			增： 04090055 石灰膏 m³ 378.64 0.106 04130120 青砖 260×105×58 5.28 61.640
	W1-2-367	基价(元) 91.67 材料费(元) 14.86	基价(元) 355.10 材料费(元) 278.29
		80330093 碎砖四合土 1：1：5：10 80010630 预拌水泥砂浆 1：2 80050490 预拌水泥石灰砂浆 M 5.0 04010015 复合普通硅酸盐水泥 P.C 32.5 04030015 中砂 04090190 石灰 04130110 红砖	（删除）
			增： 04090055 石灰膏 m³ 378.64 0.086 04130120 青砖 260×105×58 5.28 46.200
	W1-2-368	基价(元) 167.49 材料费(元) 56.11	基价(元) 516.97 材料费(元) 405.59
		80330093 碎砖四合土 1：1：5：10 80010630 预拌水泥砂浆 1：2 80050490 预拌水泥石灰砂浆 M 5.0 04010015 复合普通硅酸盐水泥 P.C 32.5 04030015 中砂 04090190 石灰 04130110 红砖	（删除）
			增： 04090055 石灰膏 m³ 378.64 0.106 04130120 青砖 260×105×58 5.28 61.640

页码	部位或子目编号	原内容	调整为
		W.1.2 传统瓦作工程	
146	W1-2-371	基价(元)86.56 材料费(元)26.08	基价(元)267.70 材料费(元)204.22
		04010020 复合普通硅酸盐水泥 P.C 32.5 04030015 中砂 04090190 石灰 04130110 红砖 04130020 蒸压灰砂砖 240×115×53 80330090 碎砖四合土(配合比)1∶1∶5∶10	(删除)
			增: 04090055 石灰膏 m³ 378.64 0.105 04130120 青砖 260×105×58 5.28 30.820
	W1-2-372	基价(元)274.01 材料费(元)238.39	基价(元)278.93 材料费(元)243.31
		04010020 复合普通硅酸盐水泥 P.C 32.5 04030015 中砂 04090190 石灰	(删除)
		计量单位:m	计量单位:m² 增: 04090055 石灰膏 m³ 378.64 0.020
	W1-2-372-1	—	增:(子目见后附 9) 天沟 瓦水槽 檐口平沟
147	W1-2-373	基价(元)117.86 材料费(元)47.30	基价(元)405.34 材料费(元)334.78
		计量单位:m	计量单位:m²
		80212090 粗集料最大粒径 20mm 砼 C20 04010020 复合普通硅酸盐水泥 P.C 32.5 04030015 中砂 04090190 石灰 04130110 红砖 03010065 铁钉 04050002 碎石	(删除)

页码	部位或子目编号	原内容	调整为
		W.1.2 传统瓦作工程	
147	W1-2-373		增： 04090055 石灰膏 m³ 378.64 0.043 04130120 青砖 260×105×58 5.28 60.060
	W1-2-374	基价(元) 66.41 　材料费(元) 5.93	基价(元) 469.85 　材料费(元) 409.37
		计量单位:m	计量单位:m²
		其他材料费:0.17m³	其他材料费:1.73
		04010020 复合普通硅酸盐水泥 P.C 32.5 04030015 中砂 04090190 石灰 04130110 红砖	(删除)
			增： 04090055 石灰膏 m³ 378.64 0.020 04130120 青砖 260×105×58 5.28 75.770
	W1-2-375	基价(元) 489.13 　材料费(元) 63.90	基价(元) 3258.96 　材料费(元) 2833.73
		04010020 复合普通硅酸盐水泥 P.C 32.5 04030015 中砂 04090190 石灰 04130110 红砖	(删除)
			增： 04090055 石灰膏 m³ 378.64 0.227 04130120 青砖 260×105×58 5.28 520.060
148	W1-2-376	基价(元) 278.48 　材料费(元) 55.76	基价(元) 3392.86 　材料费(元) 3170.14
		04010015 复合普通硅酸盐水泥 P.C 32.5 04030015 中砂 04090190 石灰 04130110 红砖	(删除)
		计量单位:m	计量单位:m³ 增： 04090055 石灰膏 m³ 378.64 0.285 04130120 青砖 260×105×58 5.28 579.660

页码	部位或子目编号	原内容	调整为
		W.1.2 传统瓦作工程	
148	W1-2-377	基价(元) 25.39 　材料费(元) 0.13 04130120 青砖 260×105×58 0.023 99450760 其他材料费 0.01	基价(元) 148.01 　材料费(元) 122.75 04130120 青砖 260×105×58 23.000 99450760 其他材料费 0.17
			增: 04090055 石灰膏 m³ 378.64 0.003
	W1-2-378	基价(元) 10.71 　材料费(元) 0.07 04130120 青砖 260×105×58 0.011 99450760 其他材料费 0.01	基价(元) 69.17 　材料费(元) 58.53 04130120 青砖 260×105×58 11.000 99450760 其他材料费 0.07
			增: 04090055 石灰膏 m³ 378.64 0.001
150	W1-2-386-1	—	增:(子目见后附 10) 墀头、花窗、门檐、柱头、墙头砖雕 厚浮雕(基层:5cm 以内) 立体组合图案
	W1-2-386-2	—	增:(子目见后附 10) 墀头、花窗、门檐、柱头、墙头砖雕 每增加厚度 2cm/层 立体组合图案
162	W1-2-425	灰塑瓦檐狮子 狮子 基价(元) 18593.17 　人工费(元) 10500.60 　材料费(元) 5992.45 　管理费(元) 2100.12 计量单位 m³ 00010010 人工费 10500.60 04090190 石灰 0.780 04090211 纸筋灰 5.430 31170050 颜料 20.730 99450760 其他材料费 225	灰塑瓦檐 狮子、鳌鱼及脊兽等各种动物、人物造型 体积:0.5m³ 以内 基价(元) 32788.17 　人工费(元) 22000.00 　材料费(元) 6388.17 　管理费(元) 4400 计量单位 座 00010010 人工费 22000.00 01370040 紫铜骨架 30.000 04090190 石灰 0.595 04090211 纸筋灰 4.375 31170050 颜料 13.703 99450760 其他材料费 131.25

页码	部位或子目编号	原内容	调整为

W.1.2 传统瓦作工程

| 162 | W1-2-425-1 | — | 增:(子目见后附 11)
灰塑瓦檐 狮子、鳌鱼及脊兽等各种动物、人物造型
体积:1m³ 以内 |

W.1.3 传统木作工程

165	章节说明	4. 定额中杉原木规格均以 ϕ150 内为准,规格材质不同时应予换算	4. 本章工程项目中圆形截面构件的木料是以杉圆木(圆木是指首尾径相等的圆形木材)考虑
170	章节说明	36. 安装工程使用不同规格的门窗五金配件时,单价及用量按实换算,人工费不变	36. 安装工程使用不同规格的门窗五金配件时,单价及用量按实计算,人工费不变
173	工程量计算规则		增: 五十三、木楼梯按设计图示水平投影面积以"m²"计算,不扣除宽度小于 300mm 的楼梯井,伸入墙内部分不计算
372	W1-3-633	基价(元) 8267.58 材料费(元) 3378.45	基价(元) 6423.00 材料费(元) 1533.87
		05010005 杉原木 ϕ150 内 1850.00	05010001 杉原木 综合 809.63
	W1-3-634	基价(元) 7553.95 材料费(元) 3149.79	基价(元) 5834.22 材料费(元) 1430.06
		05010005　杉原木 ϕ150 内 1850.00	05010001 杉原木 综合 809.63
	W1-3-635	基价(元) 6920.55 材料费(元) 3016.41	基价(元) 5273.64 材料费(元) 1369.50
		05010005　杉原木 ϕ150 内 1850.00	05010001 杉原木 综合 809.63
	W1-3-636	基价(元) 6053.33 材料费(元) 2924.94	基价(元) 4456.36 材料费(元) 1327.97
		05010005　杉原木 ϕ150 内 1850.00	05010001 杉原木 综合 809.63
	W1-3-637	基价(元) 5671.04 材料费(元) 2858.25	基价(元) 4110.49 材料费(元) 1297.70
		05010005 杉原木 ϕ150 内 1850.00	05010001 杉原木 综合 809.63

页码	部位或子目编号	原内容	调整为
		W.1.3 传统木作工程	
373	W1-3-642	圆柱(cm 以内)φ30	圆柱 童柱、雷公柱、瓜柱等矮柱(φ30 以内)
	W1-3-638	基价(元) 5436.38 材料费(元) 2797.27	基价(元) 3909.12 材料费(元) 1270.01
		05010005 杉原木 φ150 内 1850.00	05010001 杉原木 综合 809.63
	W1-3-639	基价(元) 4985.75 材料费(元) 2736.30	基价(元) 3491.78 材料费(元) 1242.33
		05010005 杉原木 φ150 内 1850.00	05010001 杉原木 综合 809.63
	W1-3-640	基价(元) 4710.38 材料费(元) 2703.90	基价(元) 3234.09 材料费(元) 1227.61
		05010005 杉原木 φ150 内 1850.00	05010001 杉原木 综合 809.63
	W1-3-641	基价(元) 4387.22 材料费(元) 2665.79	基价(元) 2931.74 材料费(元) 1210.31
		05010005 杉原木 φ150 内 1850.00	05010001 杉原木 综合 809.63
	W1-3-642	基价(元) 10064.24 材料费(元) 3464.20	基价(元) 8172.85 材料费(元) 1572.81
		05010005 杉原木 φ150 内 1850.00	05010001 杉原木 综合 809.63
374	W1-3-643	基价(元) 5329.70 材料费(元) 2677.23	基价(元) 6594.20 材料费(元) 3941.73
		05010005 杉原木 φ150 内 1850.00	05030440 杉木枋板材 2750.00
	W1-3-644	基价(元) 4643.18 材料费(元) 2618.16	基价(元) 5879.78 材料费(元) 3854.76
		05010005 杉原木 φ150 内 1850.00	05030440 杉木枋板材 2750.00
	W1-3-645	基价(元) 4087.06 材料费(元) 2612.44	基价(元) 5320.96 材料费(元) 3846.34
		05010005 杉原木 φ150 内 1850.00	05030440 杉木枋板材 2750.00

页码	部位或子目编号	原内容	调整为
		W.1.3 传统木作工程	
374	W1-3-646	基价(元) 3698.18 材料费(元) 2599.10	基价(元) 4925.78 材料费(元) 3826.70
		05010005 杉原木 φ150 内 1850.00	05030440 杉木枋板材 2750.00
	W1-3-647	基价(元) 3515.43 材料费(元) 2583.86	基价(元) 4735.83 材料费(元) 3804.26
		05010005 杉原木 φ150 内 1850.00	05030440 杉木枋板材 2750.00
375	W1-3-648	基价(元) 5105.89 材料费(元) 2991.64	基价(元) 6518.89 材料费(元) 4404.64
		05010005 杉原木 φ150 内 1850.00	05030440 杉木枋板材 2750.00
	W1-3-649	基价(元)5067.89 材料费(元) 3064.04	基价(元) 6515.09 材料费(元) 4511.24
		05010005 杉原木 φ150 内 1850.00	05030440 杉木枋板材 2750.00
376	W1-3-650	基价(元) 7461.18 材料费(元) 2970.67	基价(元) 5839.24 材料费(元) 1348.73
		05010005 杉原木 φ150 内 1850.00	05010001 杉原木 综合 809.63
	W1-3-651	基价(元) 7905.67 材料费(元) 2924.94	基价(元) 6308.70 材料费(元) 1327.97
		05010005 杉原木 φ150 内 1850.00	05010001 杉原木 综合 809.63
	W1-3-652	基价(元) 5533.10 材料费(元) 2597.20	基价(元) 6759.80 材料费(元) 3823.90
		05010005 杉原木 φ150 内 1850.00	05030440 杉木枋板材 2750.00
	W1-3-653	基价(元) 5115.03 材料费(元) 2580.05	基价(元) 6333.63 材料费(元) 3798.65
		05010005 杉原木 φ150 内 1850.00	05030440 杉木枋板材 2750.00
382	W1-3-674	基价(元) 6120.22 材料费(元) 2597.20	基价(元) 7346.92 材料费(元) 3823.90
		05010005 杉原木 φ150 内 1850.00	05030440 杉木枋板材 2750.00

页码	部位或子目编号	原内容	调整为
		W.1.3 传统木作工程	
382	W1-3-675	基价(元) 5621.90 材料费(元) 2580.05	基价(元) 6840.50 材料费(元) 3798.65
		05010005 杉原木 φ150 内 1850.00	05030440 杉木枋板材 2750.00
	W1-3-676	基价(元) 5533.10 材料费(元) 2597.20	基价(元) 6759.80 材料费(元) 3823.90
		05010005 杉原木 φ150 内 1850.00	05030440 杉木枋板材 2750.00
	W1-3-677	基价(元) 5115.03 材料费(元) 2580.05	基价(元) 6333.63 材料费(元) 3798.65
		05010005 杉原木 φ150 内 1850.00	05030440 杉木枋板材 2750.00
383	W1-3-678	基价(元) 6487.01 材料费(元) 3660.47	基价(元) 4488.46 材料费(元) 1661.92
		05010005 杉原木 φ150 内 1850.00	05010001 杉原木 综合 809.63
	W1-3-679	基价(元) 5159.33 材料费(元) 3241.26	基价(元) 3389.66 材料费(元) 1471.59
		05010005 杉原木 φ150 内 1850.00	05010001 杉原木 综合 809.63
	W1-3-680	基价(元) 4335.82 材料费(元) 3079.29	基价(元) 2654.58 材料费(元) 1398.05
		05010005 杉原木 φ150 内 1850.00	05010001 杉原木 综合 809.63
	W1-3-681	基价(元) 3990.64 材料费(元) 2970.67	基价(元) 2368.70 材料费(元) 1348.73
		05010005 杉原木 φ150 内 1850.00	05010001 杉原木 综合 809.63
384	W1-3-682	基价(元) 3695.94 材料费(元) 2883.02	基价(元) 2121.86 材料费(元) 1308.94
		05010005 杉原木 φ150 内 1850.00	05010001 杉原木 综合 809.63
	W1-3-683	基价(元) 3546.08 材料费(元) 2818.23	基价(元) 2007.37 材料费(元) 1279.52
		05010005 杉原木 φ150 内 1850.00	05010001 杉原木 综合 809.63

页码	部位或子目编号	原内容	调整为
		W.1.3 传统木作工程	
384	W1-3-684	基价(元) 3406.44 材料费(元) 2774.41	基价(元) 1891.66 材料费(元) 1259.63
		05010005 杉原木 φ150 内 1850.00	05010001 杉原木 综合 809.63
	W1-3-685	基价(元) 3255.40 材料费(元) 2736.30	基价(元) 1761.43 材料费(元) 1242.33
		05010005 杉原木 φ150 内 1850.00	05010001 杉原木 综合 809.63
385	W1-3-691	基价(元) 3723.78 材料费(元) 2501.92	基价(元) 2357.77 材料费(元) 1135.91
		05010005 杉原木 φ150 内 1850.00	05010001 杉原木 综合 809.63
387	W1-3-695	基价(元) 5156.34 材料费(元) 3378.45	基价(元) 3311.76 材料费(元) 1533.87
		05010005 杉原木 φ150 内 1850.00	05010001 杉原木 综合 809.63
	W1-3-696	基价(元) 4846.50 材料费(元) 3241.26	基价(元) 3076.83 材料费(元) 1471.59
		05010005 杉原木 φ150 内 1850.00	05010001 杉原木 综合 809.63
	W1-3-697	基价(元) 4339.21 材料费(元) 3079.29	基价(元) 2657.97 材料费(元) 1398.05
		05010005 杉原木 φ150 内 1850.00	05010001 杉原木 综合 809.63
	W1-3-698	基价(元) 4160.25 材料费(元) 2970.67	基价(元) 2538.31 材料费(元) 1348.73
		05010005 杉原木 φ150 内 1850.00	05010001 杉原木 综合 809.63
392	W1-3-712	基价(元) 4679.44 材料费(元) 2334.54	基价(元) 4899.30 材料费(元) 2554.40
		05030160 杉木板 1686.41	05010005 杉原木 φ150 内 1850.00
	W1-3-713	基价(元) 4682.29 材料费(元) 2570.77	基价(元) 4924.40 材料费(元) 2812.88
		05030160 杉木板 1686.41	05010005 杉原木 φ150 内 1850.00

页码	部位或子目编号	原内容	调整为
		W.1.3 传统木作工程	
399	W1-3-737 ～ W1-3-740	10m²	（删除）
461	W1-3-955-1	—	增：（子目见后附12） 硬木槛窗（半格 全格花窗扇）制作（不包心屉花格） 边抹看面宽 10cm 以内
	W1-3-955-2	—	增：（子目见后附12） 硬木槛窗（半格 全格花窗扇）制作（不包心屉花格） 边抹看面宽 10cm 以外
562	W1-3-1283 ～ W1-3-1286	计量单位：m³	计量单位：m²
		10m²	（删除）
605	W1-3-1434	基价（元）36.42 　材料费（元）12.96	基价（元）33.80 　材料费（元）10.34
		06010001 平板玻璃 3	（删除）
		W.1.4 传统石作工程	
618	W1-4-5	柱顶石拆除	柱顶石（石柱础）拆除
	W1-4-6	柱顶石拆除	柱顶石（石柱础）拆除
	W1-4-7	柱顶石拆除	柱顶石（石柱础）拆除
633	W1-4-55	柱顶石修整	柱顶石（石柱础）修整
	W1-4-56	柱顶石修整	柱顶石（石柱础）修整
	W1-4-57	柱顶石修整	柱顶石（石柱础）修整
643	W1-4-83 ～ W1-4-86	工作内容：表面刷洗、剁斧、磨光	工作内容： 1. 刷洗见新：表面刷洗。 2. 剁斧见新：表面剁斧。 3. 磨光见新：表面磨光

页码	部位或子目编号	原内容	调整为
W.1.4 传统石作工程			
650	W1-4-108	柱顶石制作	柱顶石(石柱础)制作
681	W1-4-204	各种柱顶石安装	各种柱顶石(石柱础)安装
656	W1-4-124	月梁制作(二步做糙)	月梁(石虾公梁)制作(二步做糙)
W.1.5 传统油漆彩画工程			
703	工程量计算规则	十六、旧瓦件清洗不分规格大小,按清洗瓦件数量确定以"块"计算	(删除)

附 1：

工作内容：清扫基层、运料、砂浆制作、剔除、修补铺瓦、批乌烟、清扫。

计量单位：m²

定额编号					W1-2-163-1	W1-2-163-2
子目名称					辘筒土瓦面维修剔补	辘筒土瓦双筒双瓦维修剔补
					单层瓦搭七留三	单层底瓦平铺
						双层面瓦搭七留三
						双层瓦筒
基价(元)					292.38	642.79
其中		人工费(元)			110.40	279.62
		材料费(元)			159.90	307.25
		机具费(元)			—	—
		管理费(元)			22.08	55.92
分类	编码	名称	单位	单价(元)	消耗量	
人工	00010010	人工费	元	—	110.40	279.62
材料	04090250	乌烟灰	kg	50.00	0.200	0.400
	04170170	土瓦 230×220	块	1.65	67.000	127.000
	04170180	瓦筒 230×220	块	0.88	34.000	68.000
	80030070	麻刀石灰浆(配合比)	m³	260.66	0.017	0.034
	99450760	其他材料费	元	1.00	5.00	9.00

附 2:

工作内容：选料、运料、灰浆制作、上铺灰、盖瓦、安装瓦筒、修齐瓦口边线，清扫瓦面。

计量单位：m²

定额编号					W1-2-166-1
子目名称					抹脚土瓦面 维修剔补
					单层瓦搭七留三
基价（元）					253.78
其中	人工费（元）				87.40
	材料费（元）				148.90
	机具费（元）				—
	管理费（元）				17.48
分类	编码	名称	单位	单价（元）	消耗量
人工	00010010	人工费	元	—	87.40
材料	04170170	土瓦 230×220	块	1.65	67.000
	04170180	瓦筒 230×220	块	0.88	34.000
	80030070	麻刀石灰浆（配合比）	m³	260.66	0.017
	99450760	其他材料费	元	1.00	4.00

附3：

工作内容：清扫基层、运料、砂浆制作、剔除、修补铺瓦、清扫。

计量单位：m

定额编号					W1-2-176-1
子目名称					瓦面修辑
					客家青瓦檐口线
基价(元)					138.65
其 中	人工费(元)				85.53
	材料费(元)				36.01
	机具费(元)				—
	管理费(元)				17.11
分类	编码	名称	单位	单价(元)	消耗量
人工	00010010	人工费	元	—	85.53
材料	04170230	收边青瓦片 215×200×5	块	3.58	4.950
	80030070	麻刀石灰浆(配合比)	m³	260.66	0.051
	99450760	其他材料费	元	1.00	5.00

附 4：

工作内容：拆除水槽、砂浆制作运输、铺瓦、安装瓦筒、辘筒。

计量单位：m

定额编号					W1-2-203-1
子目名称					天沟修辑
					维修剔补
					瓦水槽 檐口平沟
基价（元）					108.84
其 中	人工费（元）					25.92
	材料费（元）					77.74
	机具费（元）					—
	管理费（元）					5.18
分类	编码	名称	单位	单价（元）	消耗量
人工	00010010	人工费	元	—	25.92
材料	04090270	草筋灰	m³	500.00	0.026
	04170170	土瓦 230×220	块	1.65	32.000
	04170180	瓦筒 230×220	块	0.88	13.000
	99450760	其他材料费	元	1.00	0.50

附 5：

工作内容：拆除、清运、拓样、构图、开料、制坯、拼砖、找平、出细、修补、打磨、清理。

计量单位：m²

定额编号					W1-2-224-1	W1-2-224-2
子目名称					墀头、花窗、门檐、壁面、柱头、墙头砖雕修辑	
					厚浮雕（基层:5cm 以内）	每增加厚度 2cm/层
					立体组合图案	立体组合图案
基价(元)					18240.96	2353.03
其中		人工费(元)			14523.02	1689.74
		材料费(元)			813.34	325.34
		机具费(元)			—	—
		管理费(元)			2904.60	337.95
分类	编码	名称	单位	单价(元)	消耗量	
人工	00010010	人工费	元	—	14523.02	1689.74
材料	04090209	桐油灰	kg	50.00	1.500	0.600
	04130130	大青砖 290×110×70	块	6.05	118.125	47.250
	99450760	其他材料费	元	1.00	23.68	9.48

附 6：

工作内容：选料、运料、灰浆制作、上铺灰、盖瓦、安装瓦筒、批乌烟、修齐瓦口边线，清扫瓦面。

计量单位：m²

定额编号					W1-2-338-1	W1-2-338-2
子目名称					辘筒土瓦面 单层瓦搭七留三	辘筒土瓦 双筒双瓦 单层底瓦平铺 双层面瓦搭七留三 双层瓦筒
基价(元)					275.10	601.35
其中	人工费(元)				96.00	245.08
	材料费(元)				159.90	307.25
	机具费(元)				—	—
	管理费(元)				19.20	49.02
分类	编码	名称	单位	单价 (元)	消耗量	
人工	00010010	人工费	元	—	96.00	245.08
材料	04090250	乌烟灰	kg	50.00	0.200	0.400
	04170170	土瓦 230×220	块	1.65	67.000	127.000
	04170180	瓦筒 230×220	块	0.88	34.000	68.000
	80030070	麻刀石灰浆(配合比)	m³	260.66	0.017	0.034
	99450760	其他材料费	元	1.00	5.00	9.00

附 7：

工作内容：选料、运料、灰浆制作、上铺灰、盖瓦、安装瓦筒、修齐瓦口边线，清扫瓦面。

计量单位：m²

定额编号					W1-2-341-1
子目名称					抹脚土瓦面
					单层瓦搭七留三
基价(元)					240.10
其中	人工费(元)				76.00
	材料费(元)				148.90
	机具费(元)				—
	管理费(元)				15.20
分类	编码	名称	单位	单价(元)	消耗量
人工	00010010	人工费	元	—	76.00
材料	04170170	土瓦 230×220	块	1.65	67.000
	04170180	瓦筒 230×220	块	0.88	34.000
	80030070	麻刀石灰浆(配合比)	m³	260.66	0.017
	99450760	其他材料费	元	1.00	4.00

附8：

工作内容：选料、运料、灰浆制作、上铺灰、盖瓦、安装瓦筒、修齐瓦口边线，清扫瓦面。

计量单位：m

定额编号					W1-2-348-1	
子目名称					瓦面	
					客家青瓦檐口线	
基价（元）					104.43	
其中	人工费（元）				57.02	
	材料费（元）				36.01	
	机具费（元）				—	
	管理费（元）				11.40	
分类	编码	名称	单位	单价（元）	消耗量	
人工	00010010	人工费	元	—	57.02	
材料	04170230	收边青瓦片 215×200×5	块	3.58	4.950	
	80030070	麻刀石灰浆（配合比）	m³	260.66	0.051	
	99450760	其他材料费	元	1.00	5.00	

279

附 9:

工作内容：砂浆制作运输、铺瓦、安装瓦筒、辘筒。

计量单位：m

定额编号					W1-2-372-1
子目名称					天沟
					瓦水槽 檐口平沟
基价(元)					99.51
其中	人工费(元)				18.14
	材料费(元)				77.74
	机具费(元)				—
	管理费(元)				3.63
分类	编码	名称	单位	单价(元)	消耗量
人工	00010010	人工费	元	—	18.14
材料	04090270	草筋灰	m³	500.00	0.026
	04170170	土瓦 230×220	块	1.65	32.000
	04170180	瓦筒 230×220	块	0.88	13.000
	99450760	其他材料费	元	1.00	0.50

附 10：

工作内容：构图、放样、开料、制坯、拼砖、找平、出细、打磨、清理。

计量单位：m²

定额编号					W1-2-386-1	W1-2-386-2
子目名称					墀头、花窗、门檐、壁面、柱头、墙头砖雕	
					厚浮雕（基层：5cm 以内）	每增加厚度 2cm/层
					立体组合图案	立体组合图案
基价(元)					15032.53	2210.44
其中		人工费(元)			11171.55	1299.80
		材料费(元)			1626.67	650.68
		机具费(元)			—	—
		管理费(元)			2234.31	259.96
分类	编码	名称	单位	单价（元）	消耗量	
人工	00010010	人工费	元	—	11171.55	1299.80
材料	04090209	桐油灰	kg	50.00	3.000	1.200
	04130130	大青砖 290×110×70	块	6.05	236.250	94.500
	99450760	其他材料费	元	1.00	47.36	18.95

附 11：

工作内容：绘图设计、扎骨架、草筋灰打底、纸筋灰塑形、色灰塑形、上彩。

计量单位：座

定额编号					W1-2-425	W1-2-425-1
子目名称					灰塑瓦檐 狮子、鳌鱼及脊兽等各种动物、人物造型	
					体积：0.5m³ 以内	体积：1m³ 以内
基价(元)					32788.17	61976.07
其中	人工费(元)				22000.00	35000.00
	材料费(元)				6388.17	19976.07
	机具费(元)				—	—
	管理费(元)				4400.00	7000.00
分类	编码	名称	单位	单价(元)	消耗量	
人工	00010010	人工费	元	—	22000.00	35000.00
材料	01370040	紫铜骨架	kg	80.00	30.000	150.000
	04090190	石灰	t	303.17	0.595	1.190
	04090211	纸筋灰	kg	26.00	4.375	8.750
	31170050	颜料	kg	260.00	13.703	27.405
	99450760	其他材料费	元	1.00	131.25	262.50

注：灰塑采用颜料指化工颜料，如采用矿物质颜料需要换算。

附 12:

工作内容：截料、刨光、开榫、打眼、裁口、成型。

计量单位：m²

定额编号				W1-3-954	W1-3-955	W1-3-955-1	W1-3-955-2
子目名称				硬木槛窗(半格 全格花窗扇)制作(不包心屉花格)			
				边抹看面宽			
				6cm 以内	8cm 以外	10cm 以内	10cm 以外
基价(元)				766.05	844.68	945.31	1034.94
其中		人工费(元)		288.73	269.28	249.83	230.38
		材料费(元)		419.57	521.54	645.51	758.48
		机具费(元)		—	—	—	—
		管理费(元)		57.75	53.86	49.97	46.08
分类	编码	名称	单位	单价(元)	消耗量		
人工	00010010	人工费	元	—	288.73	269.28	249.83	230.38
材料	05030450	菠萝格木枋板材	m³	11000.00	0.037	0.046	0.057	0.067
	14410500	乳液	kg	5.83	0.060	0.060	0.060	0.060
	99450760	其他材料费	元	1.00	12.22	15.19	18.16	21.13

关于印发广东省建设工程定额动态调整的通知（第 28 期）

粤标定函〔2024〕7 号

各有关单位：

《建筑与市政工程防水通用规范》GB 55030—2022（以下简称为"防水通用规范"）已颁布实施，根据新旧防水规范之间的差异，我站组织专家调整了《广东省城市轨道交通工程综合定额 2018》防水项目相关内容，现印发你们。所调整内容与我省现行工程计价依据配套使用，除合同另有约定外，已经合同双方确认的工程造价成果文件不作调整。

执行中遇到的问题，请通过"广东省工程造价信息化平台——建设工程定额动态管理系统"及时反映。

附件：《广东省城市轨道交通工程综合定额 2018》动态调整内容

广东省建设工程标准定额站

2024 年 2 月 20 日

附件:

《广东省城市轨道交通工程综合定额 2018》
动态调整内容

页码	部位或子目编号	原内容	调整为
		第二册 桥涵工程	
145	M2-5-44-1	—	增(子目见后附 1) 桥面防水层 聚合物改性沥青防水涂料 2.0mm
	M2-5-44-2	—	增(子目见后附 1) 桥面防水层 聚合物改性沥青防水涂料每增 0.5mm
236	M2-8-74	屋面防水 防水层	屋面防水 高分子卷材防水层
		基价(元) 14327.37 材料费(元) 6795.06	基价(元) 15158.47 材料费(元) 7626.16
		13330300 TPO 柔性防水卷材 1.2mm 43.00 99450760 其他材料费 67.28	13330330 热塑性聚烯烃防水卷材(TPO) 1.5mm 49.69 99450760 其他材料费 75.51
		第三册 隧道工程	
79	M3-5-1	基价(元) 827.44 　人工费(元) 172.26 　机具费(元) 86.27	基价(元) 827.43 　人工费(元) 174.21 　机具费(元) 84.32
		00010010 人工费 172.26 09090090 EVA 防水板 41.00 990504020 电动双筒慢速卷扬机牵引力 50(kN)	00010010 人工费 174.21 09090120 EVA 防水板 1.5mm 41.00 (删除)
	M3-5-2	基价(元) 368.61 　人工费(元) 172.26 　机具费(元) 71.06	基价(元) 368.60 　人工费(元) 174.21 　机具费(元) 69.11
		00010010 人工费 172.26 990504020 电动双筒慢速卷扬机牵引力 50(kN)	00010010 人工费 174.21 (删除)
	M3-5-3	人工费(元) 88.00 机具费(元) 1.56	人工费(元) 89.56 机具费(元) 0
		00010010 人工费 88.00 990504020 电动双筒慢速卷扬机牵引力 50(kN)	00010010 人工费 89.56 (删除)

页码	部位或子目编号	原内容	调整为
		第三册 隧道工程	
79	M3-5-4	基价(元) 830.45 人工费(元) 344.85 机具费(元) 50.97	基价(元) 830.46 人工费(元) 352.83 机具费(元) 42.99
		00010010 人工费 344.85 990504020 电动双筒慢速卷扬机牵引力 50(kN)	00010010 人工费 352.83 （删除）
	M3-5-1-1	—	增(子目见后附2) PVC防水板
80	M3-5-5	基价(元) 66.18 人工费(元) 11.88 材料费(元) 39.39 机具费(元) 9.38	基价(元) 69.49 人工费(元) 12.27 材料费(元) 42.70 机具费(元) 8.99
		00010010 人工费 11.88 13330030 SBS改性沥青防水卷材 5mm 27.69 99450760 其他材料费 0.39 990504020 电动双筒慢速卷扬机牵引力 50(kN)	00010010 人工费 12.27 13330020 SBS改性沥青防水卷材 4mm Ⅱ型 30.28 99450760 其他材料费 0.42 （删除）
	M3-5-6	基价(元) 63.22 人工费(元) 10.23 材料费(元) 38.51 机具费(元) 9.38	基价(元) 63.20 人工费(元) 10.62 材料费(元) 38.49 机具费(元) 8.99
		00010010 人工费 10.23 13330030 SBS改性沥青防水卷材 5mm 27.69 1.377 99450760 其他材料费 0.38 990504020 电动双筒慢速卷扬机牵引力 50(kN)	00010010 人工费 10.62 13330020 SBS改性沥青防水卷材 4mm Ⅱ型 30.28 1.265 99450760 其他材料费 0.19 （删除）
81	M3-5-7	人工费(元) 9.68 机具费(元) 3.39	人工费(元) 10.07 机具费(元) 3.00
		00010010 人工费 9.68 990504020 电动双筒慢速卷扬机牵引力 50(kN)	00010010 人工费 10.07 （删除）
	M3-5-8	人工费(元) 3.19 机具费(元) 3.39	人工费(元) 3.58 机具费(元) 3.00
		00010010 人工费 3.19 990504020 电动双筒慢速卷扬机牵引力 50(kN)	00010010 人工费 3.58 （删除）

页码	部位或子目编号	原内容	调整为
		第四册 地下结构工程	
87	说明	M.5 防水工程 说明	增： 四、本定额已综合考虑材料自施工单位现场仓库或现场指定地点运至安装地点的水平和垂直运输,除定额另有说明外不需要另行计算
91	M4-5-1	基价(元) 6566.47 　人工费(元) 2046.00 　材料费(元) 3939.46 　机具费(元) 38.93 00010010 人工费 2046 13330030 SBS 改性沥青防水卷材 5mm 27.69 99450760 其他材料费 39.00 990504020 电动双筒慢速卷扬机牵引力 50(kN)	基价(元) 6897.39 　人工费(元) 2084.93 　材料费(元) 4270.38 　机具费(元) 0 00010010 人工费 2084.93 13330020 SBS 改性沥青防水卷材 4mm Ⅱ型 30.28 99450760 其他材料费 42.28 (删除)
	M4-5-2	基价(元) 6145.41 　人工费(元) 1782.00 　材料费(元) 3851.04 　机具费(元) 38.93 00010010 人工费 1782.00 13330030 SBS 改性沥青防水卷材 5mm 27.69 137.700 99450760 其他材料费 38.13 990504020 电动双筒慢速卷扬机牵引力 50(kN)	基价(元) 5880.71 　人工费(元) 1820.93 　材料费(元) 3586.34 　机具费(元) 0 00010010 人工费 1820.93 13330020 SBS 改性沥青防水卷材 4mm Ⅱ型 30.28 117.850 99450760 其他材料费 17.84 (删除)
	M4-5-3	EVA 聚氯乙烯卷材(高分子) 平面 02090070 EVA 聚氯乙烯卷材 2mm 32.05	EVA 防水卷材(高分子) 平面 13330435 EVA 防水卷材 2mm 32.05
	M4-5-4	EVA 聚氯乙烯卷材(高分子)立面 02090070 EVA 聚氯乙烯卷材 2mm 32.05	EVA 防水卷材(高分子)立面 13330435 EVA 防水卷材 2mm 32.05
	M4-5-5	基价(元)5376.37 　人工费(元) 1760.00 　机具费(元) 38.93 00010010 人工费 1760.00 09090080 PVC 防水板 2 24.62 990504020 电动双筒慢速卷扬机牵引力 50(kN)	基价(元)5376.37 　人工费(元) 1798.93 　机具费(元) 0 00010010 人工费 1798.93 09090085 PVC 防水板 1.5mm 24.62 (删除)

页码	部位或子目编号	原内容	调整为
		第四册 地下结构工程	
	M4-5-5-1	—	增(子目见后附3) 高分子防水卷材
	M4-5-5-2	—	增(子目见后附3) 耐根穿刺高分子防水卷材
92	M4-5-6	人工费(元) 1254.00 机具费(元) 38.93 00010010 人工费 1254.00 990504020 电动双筒慢速卷扬机牵引力 50(kN)	人工费(元) 1292.93 机具费(元) 0 00010010 人工费 1292.93 (删除)
	M4-5-7	人工费(元) 2376.00 机具费(元) 38.93 00010010 人工费 2376.00 990504020 电动双筒慢速卷扬机牵引力 50(kN)	人工费(元) 2414.93 机具费(元) 0 00010010 人工费 2414.93 (删除)
	M4-5-8	基价(元) 2609.45 人工费(元) 1650.00 材料费(元) 481.40 机具费(元) 38.93 00010010 人工费 1650.00 99450760 其他材料费 4.77 990504020 电动双筒慢速卷扬机牵引力 50(kN)	基价(元) 2607.06 人工费(元) 1688.93 材料费(元) 479.01 机具费(元) 0 00010010 人工费 1688.93 99450760 其他材料费 2.38 (删除)
	M4-5-9	人工费(元) 1144.00 机具费(元) 38.93 00010010 人工费 1144.00 990504020 电动双筒慢速卷扬机牵引力 50(kN)	人工费(元) 1182.93 机具费(元) 0 00010010 人工费 1182.93 (删除)
	M4-5-10	基价(元) 1141.59 人工费(元) 253.00 材料费(元) 773.76 机具费(元) 38.93 00010010 人工费 253.00 99450760 其他材料费 7.66 990504020 电动双筒慢速卷扬机牵引力 50(kN)	基价(元) 1137.76 人工费(元) 291.93 材料费(元) 769.93 机具费(元) 0 00010010 人工费 291.93 99450760 其他材料费 3.83 (删除)

页码	部位或子目编号	原内容	调整为
		第四册 地下结构工程	
93	M4-5-15-1	—	增(子目见后附 4） 水泥基渗透结晶防水涂料 1.0mm 厚
	M4-5-15-2	—	增(子目见后附 4） 水泥基渗透结晶防水涂料 每增减 0.5mm 厚
97	M4-5-26	基价(元) 6994.45 　人工费(元) 2376.00 　材料费(元) 3951.6 　机具费(元) 38.93	基价(元) 7354.66 　人工费(元) 2414.93 　材料费(元) 4311.85 　机具费(元) 0
		00010010 人工费 2376.00 13330030 SBS 改性沥青防水卷材 5mm 27.69 99450760 其他材料费 39.13 990504020 电动双筒慢速卷扬机 牵引力 50(kN)	00010010 人工费 2414.93 13330020 SBS 改性沥青防水卷材 4mm Ⅱ型 30.28 99450760 其他材料费 42.69 （删除）
	M4-5-27	基价(元) 6145.41 　人工费(元) 1782.00 　材料费(元) 3851.04 　机具费(元) 38.93	基价(元) 6051.43 　人工费(元) 1820.93 　材料费(元) 3757.06 　机具费(元) 0
		00010010 人工费 1782.00 13330030 SBS 改性沥青防水卷材 5mm 27.69 137.70 99450760 其他材料费 38.13 990504020 电动双筒慢速卷扬机 牵引力 50(kN)	00010010 人工费 1820.93 13330020 SBS 改性沥青防水卷材 4mm Ⅱ型 30.28 123.46 99450760 其他材料费 18.69 （删除）
	M4-5-28	人工费(元) 3465.00 　机具费(元) 232.78	人工费(元) 3503.93 　机具费(元) 193.85
		00010010 人工费 3465.00 990504020 电动双筒慢速卷扬机 牵引力 50(kN)	00010010 人工费 3503.93 （删除）
	M4-5-29	人工费(元) 3465.00 　机具费(元) 232.78	人工费(元) 3503.93 　机具费(元) 193.85
		00010010 人工费 3465.00 09090090 EVA 防水板 41.00 990504020 电动双筒慢速卷扬机 牵引力 50(kN)	00010010 人工费 3503.93 09090120 EVA 防水板 1.5mm 41.00 （删除）

页码	部位或子目编号	原内容	调整为
		第四册 地下结构工程	
97	M4-5-30	人工费(元) 2376.00 机具费(元) 38.93 00010010 人工费 2376.00 990504020 电动双筒慢速卷扬机牵引力 50(kN)	人工费(元) 2414.93 机具费(元) 0 00010010 人工费 2414.93 (删除)
	M4-5-31	人工费(元) 3465.00 机具费(元) 38.93 00010010 人工费 3465.00 990504020 电动双筒慢速卷扬机牵引力 50(kN)	人工费(元) 3503.93 机具费(元) 0 00010010 人工费 3503.93 (删除)
	M4-5-31-1	—	增(子目见后附5) 高分子防水卷材 自粘
	M4-5-31-2	—	增(子目见后附5) 高分子防水卷材 预铺反粘
	M4-5-31-3	—	增(子目见后附6) PVC 防水板
99	M4-5-36-1	—	增(子目见后附7) 水泥基渗透结晶防水涂料 1.0mm 厚
	M4-5-36-2	—	增(子目见后附7) 水泥基渗透结晶防水涂料 每增减 0.5mm 厚

附 1:

工作内容：清理面层、节点附加增强处理，喷涂防水涂料等。

计量单位：100m²

定额编号						M2-5-44-1	M2-5-44-2
子目名称						桥面防水层	
						聚合物改性沥青防水涂料	
						2.0mm	每增 0.5mm
基价(元)						5752.53	1451.60
其中		人工费(元)				893.96	223.49
		材料费(元)				4456.12	1108.52
		机具费(元)				190.54	63.51
		管理费(元)				211.91	56.08
分类	编码	名称	单位	单价(元)		消耗量	
人工	00010010	人工费	元	—		893.96	223.49
材料	13330380	聚合物改性沥青 PB(Ⅰ) 2mm	kg	11.03		400.000	100.000
	99450760	其他材料费	元	1.00		44.12	5.52
机具	990140010	汽车式沥青喷洒机 箱容量 4000(L)	台班	635.12		0.300	0.100

附 2：

工作内容：搭拆工作平台、敷设、锚固及焊接防水板，材料洞内及垂直运输。

计量单位：10m²

	定额编号				M3-5-1-1
	子目名称				PVC 防水板
	基价(元)				521.73
其中	人工费(元)				180.39
	材料费(元)				294.44
	机具费(元)				—
	管理费(元)				46.90
分类	编码	名称	单位	单价(元)	消耗量
人工	00010010	人工费	元	—	180.39
材料	09090085	PVC 防水板 1.5mm	m²	24.62	11.785
	34110010	水	m³	4.58	0.300
	99450760	其他材料费	元	1.00	2.92

附 3:

工作内容:基层表面清理、修整,节点附加增强处理,定位、弹线、试铺,
铺贴卷材,收头,节点密封,清理、检查、修整。

计量单位:100m²

定额编号					M4-5-5-1	M4-5-5-2
子目名称					高分子防水卷材	耐根穿刺高分子防水卷材
基价(元)					5376.37	10049.05
其中	人工费(元)				1798.93	1798.93
	材料费(元)				3109.72	7782.40
	机具费(元)				—	—
	管理费(元)				467.72	467.72
分类	编码	名称	单位	单价(元)	消耗量	
人工	00010010	人工费	元	—	1798.93	1798.93
材料	13330360	PVC 耐根穿刺防水卷材 1.5mm	m²	61.78	—	124.500
	13330440	PVC 防水卷材 1.5mm	m²	24.62	124.500	—
	34110010	水	m³	4.58	3.000	3.000
	99450760	其他材料费	元	1.00	30.79	77.05

附 4：

工作内容：清理基层，调配及涂刷涂料。

计量单位：100m²

定额编号					M4-5-15-1	M4-5-15-2
子目名称					水泥基渗透结晶防水涂料	
					1.0mm 厚	每增减 0.5mm 厚
基价（元）					3339.10	1601.10
其中		人工费（元）			742.97	321.90
		材料费（元）			2402.96	1195.51
		机具费（元）			—	—
		管理费（元）			193.17	83.69
分类	编码	名称	单位	单价（元）	消耗量	
人工	00010010	人工费	元	—	742.97	321.90
材料	13050310	水泥基渗透结晶防水涂料	kg	15.86	150.000	75.000
	34110010	水	m³	4.58	0.038	0.013
	99450760	其他材料费	元	1.00	23.79	5.95

附 5：

工作内容：清理基层、铺贴防水卷材，卷材收头钉压固定及密封，清理，检查，修整。

计量单位：100m²

定额编号					M4-5-31-1	M4-5-31-2
子目名称					高分子防水卷材	
					自粘	预铺反粘
基价（元）					13636.76	13559.63
其中	人工费（元）				3503.93	3503.93
	材料费（元）				9221.81	9144.68
	机具费（元）				—	—
	管理费（元）				911.02	911.02
分类	编码	名称	单位	单价（元）	消耗量	
人工	00010010	人工费	元	—	3503.93	3503.93
材料	13330017	HDPE 自粘胶膜防水卷材 1.2mm	m²	65.00	125.700	—
	13330019	HDPE 预铺反粘防水卷材 1.5mm	m²	71.63	—	125.700
	13330275	双面胶带 80mm 宽	m	8.00	120.000	—
	13350560	单组分聚氨脂建筑密封膏	kg	33.50	—	1.500
	99450760	其他材料费	元	1.00	91.31	90.54

附 6:

工作内容：基层表面清理、修整，节点附加增强处理，定位、弹线、试铺，
铺贴卷材，收头，节点密封，清理、检查、修整。

计量单位：10m²

定额编号						M4-5-31-3
子目名称						PVC 防水板
基价(元)						538.26
其中	人工费(元)					180.39
	材料费(元)					310.97
	机具费(元)					—
	管理费(元)					46.90
分类	编码	名称	单位	单价(元)		消耗量
人工	00010010	人工费	元	—		180.39
材料	09090085	PVC 防水板 1.5mm	m²	24.62		12.450
	34110010	水	m³	4.58		0.300
	99450760	其他材料费	元	1.00		3.08

附 7：

工作内容：清理基层，调配及涂刷涂料。

计量单位：100m²

定额编号					M4-5-36-1	M4-5-36-2
子目名称					水泥基渗透结晶防水涂料	
					1.0mm 厚	每增减 0.5mm 厚
基价（元）					3339.10	1601.10
其中	人工费（元）				742.97	321.90
	材料费（元）				2402.96	1195.51
	机具费（元）				—	—
	管理费（元）				193.17	83.69
分类	编码	名称	单位	单价（元）	消耗量	
人工	00010010	人工费	元	—	742.97	321.90
材料	13050310	水泥基渗透结晶防水涂料	kg	15.86	150.000	75.000
	34110010	水	m³	4.58	0.038	0.013
	99450760	其他材料费	元	1.00	23.79	5.95

关于印发广东省建设工程定额
动态调整的通知（第 29 期）

粤标定函〔2024〕8 号

各有关单位：

《建筑与市政工程防水通用规范》GB 55030—2022（以下简称为"防水通用规范"）已颁布实施，根据新旧防水规范之间的差异，我站组织专家调整了《广东省城市地下综合管廊工程综合定额 2018》防水项目相关内容，现印发你们。所调整内容与我省现行工程计价依据配套使用，除合同另有约定外，已经合同双方确认的工程造价成果文件不作调整。

执行中遇到的问题，请通过"广东省工程造价信息化平台——建设工程定额动态管理系统"及时反映。

附件：《广东省城市地下综合管廊工程综合定额 2018》动态调整内容

广东省建设工程标准定额站

2024 年 2 月 20 日

附件：

《广东省城市地下综合管廊工程综合定额 2018》
动态调整内容

页码	部位或子目编号	原内容	调整为
		G.1.7 防水工程	
269	说明	G.1.7 防水工程 说明	增： 八、本定额已综合考虑材料自施工单位现场仓库或现场指定地点运至安装地点的水平和垂直运输,除定额另有说明外不需要另行计算
273	G1-7-1	基价(元) 5863.69 人工费(元) 847.18 材料费(元) 4779.41 机具费(元) 63.83	基价(元) 5469.87 人工费(元) 911.01 材料费(元) 4385.59 机具费(元) 0
		00010010 人工费 847.18 13330030 SBS 改性沥青防水卷材 5mm 27.69 13350520 改性沥青嵌缝油膏 5.13 13350530 SBS 弹性沥青防水胶 32.51 28.920 99450760 其他材料费 139.21 990504020 电动双筒慢速卷扬机 牵引力 50(kN)	00010010 人工费 911.01 13330020 SBS 改性沥青防水卷材 4mm Ⅱ型 30.28 13350550 防水密封膏 22.60 14350830 改性沥青卷材基层处理剂 水性 6.00 35.000 99450760 其他材料费 43.42 （删除）
	G1-7-2	基价(元) 6001.48 人工费(元) 962.95 材料费(元) 4779.41 机具费(元) 63.83	基价(元) 5607.66 人工费(元) 1026.78 材料费(元) 4385.59 机具费(元) 0
		00010010 人工费 962.95 13330030 SBS 改性沥青防水卷材 5mm 27.69 13350520 改性沥青嵌缝油膏 5.13 13350530 SBS 弹性沥青防水胶 32.51 28.920 99450760 其他材料费 139.21 990504020 电动双筒慢速卷扬机 牵引力 50(kN)	00010010 人工费 1026.78 13330020 SBS 改性沥青防水卷材 4mm Ⅱ型 30.28 13350550 防水密封膏 22.60 14350830 改性沥青卷材基层处理剂 水性 6.00 35.000 99450760 其他材料费 43.42 （删除）

页码	部位或子目编号	原内容	调整为
		G.1.7 防水工程	
273	G1-7-3	基价(元) 4672.18 　人工费(元) 646.69 　材料费(元) 3826.52 　机具费(元) 63.83	基价(元) 4980.05 　人工费(元) 710.52 　材料费(元) 4134.39 　机具费(元) 0
		00010010 人工费 646.69 13330030 SBS 改性沥青防水卷材 5mm 27.69 13350520 改性沥青嵌缝油膏 5.13 14390090 液化石油气 30.128 99450760 其他材料费 111.45 990504020 电动双筒慢速卷扬机牵引力 50(kN)	00010010 人工费 710.52 13330020 SBS 改性沥青防水卷材 4mm Ⅱ型 30.28 13350550 防水密封膏 22.60 14390090 液化石油气 26.992 99450760 其他材料费 20.57 （删除）
	G1-7-4	基价(元) 4787.81 　人工费(元) 743.84 　材料费(元) 3826.52 　机具费(元) 63.83	基价(元) 5095.68 　人工费(元) 807.67 　材料费(元) 4134.39 　机具费(元) 0
		00010010 人工费 743.84 13330030 SBS 改性沥青防水卷材 5mm 27.69 13350520 改性沥青嵌缝油膏 5.13 14390090 液化石油气 30.128 99450760 其他材料费 111.45 990504020 电动双筒慢速卷扬机牵引力 50(kN)	00010010 人工费 807.67 13330020 SBS 改性沥青防水卷材 4mm Ⅱ型 30.28 13350550 防水密封膏 22.60 14390090 液化石油气 26.992 99450760 其他材料费 20.57 （删除）
274	G1-7-5	基价(元) 6885.23 　人工费(元) 829.64 　材料费(元) 5821.82 　机具费(元) 63.83	基价(元) 7208.66 　人工费(元) 893.47 　材料费(元) 6145.25 　机具费(元) 0
		00010010 人工费 829.64 13330030 SBS 改性沥青防水卷材 5mm 27.69 13350520 改性沥青嵌缝油膏 5.13 99450760 其他材料费 169.57 990504020 电动双筒慢速卷扬机牵引力 50(kN)	00010010 人工费 893.47 13330020 SBS 改性沥青防水卷材 4mm Ⅱ型 30.28 13350550 防水密封膏 22.60 99450760 其他材料费 60.84 （删除）

页码	部位或子目编号	原内容	调整为
		G.1.7 防水工程	
274	G1-7-6	基价(元) 7019.89 　人工费(元) 942.78 　材料费(元) 5821.82 　机具费(元) 63.83	基价(元) 7343.32 　人工费(元) 1006.61 　材料费(元) 6145.25 　机具费(元) 0
		00010010 人工费 942.78 13330030 SBS 改性沥青防水卷材 5mm 27.69 13350520 改性沥青嵌缝油膏 5.13 99450760 其他材料费 169.57 990504020 电动双筒慢速卷扬机牵引力 50(kN)	00010010 人工费 1006.61 13330020 SBS 改性沥青防水卷材 4mm Ⅱ型 30.28 13350550 防水密封膏 22.60 99450760 其他材料费　60.84 （删除）
	G1-7-7	基价(元) 5825.26 　人工费(元) 637.92 　材料费(元) 4990.04 　机具费(元) 63.83	基价(元) 5986.72 　人工费(元) 701.75 　材料费(元) 5151.50 　机具费(元) 0
		00010010 人工费 637.92 13330030 SBS 改性沥青防水卷材 5mm 27.69 13350520 改性沥青嵌缝油膏 5.13 14410310 聚氨酯粘合剂 59.987 99450760 其他材料费 145.34 990504020 电动双筒慢速卷扬机牵引力 50(kN)	00010010 人工费 701.75 13330020 SBS 改性沥青防水卷材 4mm Ⅱ型 30.28 13350550 防水密封膏 22.60 14410310 聚氨酯粘合剂 53.743 99450760 其他材料费 25.63 （删除）
	G1-7-8	基价(元) 5939.68 　人工费(元) 734.05 　材料费(元) 4990.04 　机具费(元) 63.83	基价(元) 6101.14 　人工费(元) 797.88 　材料费(元) 5151.50 　机具费(元) 0
		00010010 人工费 734.05 13330030 SBS 改性沥青防水卷材 5mm 27.69 13350520 改性沥青嵌缝油膏 5.13 14410310 聚氨酯粘合剂 59.987 99450760 其他材料费 145.34 990504020 电动双筒慢速卷扬机牵引力 50(kN)	00010010 人工费 797.88 13330020 SBS 改性沥青防水卷材 4mm Ⅱ型 30.28 13350550 防水密封膏 22.60 14410310 聚氨酯粘合剂 53.743 99450760 其他材料费　25.63 （删除）

页码	部位或子目编号	原内容	调整为
275	G1-7-9	基价(元) 3041.27 　人工费(元) 678.06 　材料费(元) 2158.27 　机具费(元) 63.83	基价(元) 2999.36 　人工费(元) 741.89 　材料费(元) 2116.36 　机具费(元) 0
		00010010 人工费 678.06 99450760 其他材料费 62.86 990504020 电动双筒慢速卷扬机牵引力 50(kN)	00010010 人工费 741.89 99450760 其他材料费 20.95 (删除)
	G1-7-10	基价(元) 3151.34 　人工费(元) 770.54 　材料费(元) 2158.27 　机具费(元) 63.83	基价(元) 3109.43 　人工费(元) 834.37 　材料费(元) 2116.36 　机具费(元) 0
		00010010 人工费 770.54 99450760 其他材料费 62.86 990504020 电动双筒慢速卷扬机牵引力 50(kN)	00010010 人工费 834.37 99450760 其他材料费　20.95 (删除)
	G1-7-11	基价(元) 2434.73 　人工费(元) 339.20 　材料费(元) 1955.04 　机具费(元) 63.83	基价(元) 2387.28 　人工费(元) 403.03 　材料费(元) 1907.59 　机具费(元) 0
		00010010 人工费 339.20 99450760 其他材料费 56.94 990504020 电动双筒慢速卷扬机牵引力 50(kN)	00010010 人工费 403.03 99450760 其他材料费 9.49 (删除)
	G1-7-12	基价(元) 2489.64 　人工费(元) 385.34 　材料费(元) 1955.04 　机具费(元) 63.83	基价(元) 2442.19 　人工费(元) 449.17 　材料费(元) 1907.59 　机具费(元) 0
		00010010 人工费 385.34 99450760 其他材料费 56.94 990504020 电动双筒慢速卷扬机牵引力 50(kN)	00010010 人工费 449.17 99450760 其他材料费 9.49 (删除)
276	G1-7-13	基价(元) 12607.49 　人工费(元) 654.36 　材料费(元) 11752.70 　机具费(元) 63.83	基价(元) 12362.44 　人工费(元) 718.19 　材料费(元) 11507.65 　机具费(元) 0

表头上方标题行: G.1.7 防水工程

302

页码	部位或子目编号	原内容	调整为
		G.1.7 防水工程	
276	G1-7-13	00010010 人工费 654.36 13330310 耐根穿刺复合铜胎基 SBS 改性沥青卷材 81.28 13350160 沥青防水油膏 99450760 其他材料费 342.31 990504020 电动双筒慢速卷扬机牵引力 50(kN)	00010010 人工费 718.19 13330315 耐根穿刺复合铜胎基 SBS 改性沥青卷材 4mm 81.28 (删除) 99450760 其他材料费 113.94 (删除)
	G1-7-14	基价(元) 12716.52 　人工费(元) 745.97 　材料费(元) 11752.70 　机具费(元) 63.83	基价(元) 12471.47 　人工费(元) 809.80 　材料费(元) 11507.65 　机具费(元) 0
		00010010 人工费 745.97 13330310 耐根穿刺复合铜胎基 SBS 改性沥青卷材 81.28 13350160 沥青防水油膏 99450760 其他材料费 342.31 990504020 电动双筒慢速卷扬机牵引力 50(kN)	00010010 人工费 809.80 13330315 耐根穿刺复合铜胎基 SBS 改性沥青卷材 4mm 81.28 (删除) 99450760 其他材料费 113.94 (删除)
277	G1-7-15	基价(元) 3124.10 　人工费(元) 1101.31 　材料费(元) 1737.35 　机具费(元) 63.83	基价(元) 3191.33 　人工费(元) 1165.14 　材料费(元) 1804.58 　机具费(元) 0
		00010010 人工费 1101.31 13330070 聚氯乙烯灰色 PVC 卷材 1.2 11.59 99450760 其他材料费 50.60 990504020 电动双筒慢速卷扬机牵引力 50(kN)	00010010 人工费 1165.14 13330075 聚氯乙烯灰色 PVC 卷材 1.5mm 12.38 99450760 其他材料费 17.87 (删除)
	G1-7-16	基价(元) 3302.83 　人工费(元) 1251.48 　材料费(元) 1737.35 　机具费(元) 63.83	基价(元) 3370.06 　人工费(元) 1315.31 　材料费(元) 1804.58 　机具费(元) 0
		00010010 人工费 1251.48 13330070 聚氯乙烯灰色 PVC 卷材 1.2 11.59 99450760 其他材料费 50.60	00010010 人工费 1315.31 13330075 聚氯乙烯灰色 PVC 卷材 1.5mm 12.38 99450760 其他材料费　 17.87

页码	部位或子目编号	原内容	调整为
		G.1.7 防水工程	
277	G1-7-16	990504020 电动双筒慢速卷扬机牵引力 50(kN)	（删除）
	G1-7-17	基价(元) 2862.11 　人工费(元) 881.19 　材料费(元) 1737.35 　机具费(元) 63.83	基价(元) 2920.40 　人工费(元) 945.02 　材料费(元) 1795.64 　机具费(元) 0
		00010010 人工费 881.19 13330070 聚氯乙烯灰色 PVC 卷材 1.2 11.59 99450760 其他材料费 50.60 990504020 电动双筒慢速卷扬机牵引力 50(kN)	00010010 人工费 945.02 13330075 聚氯乙烯灰色 PVC 卷材 1.5mm 12.38 99450760 其他材料费 8.93 （删除）
	G1-7-18	基价(元) 3004.95 　人工费(元) 1001.20 　材料费(元) 1737.35 　机具费(元) 63.83	基价(元) 3063.24 　人工费(元) 1065.03 　材料费(元) 1795.64 　机具费(元) 0
		00010010 人工费 1001.20 13330070 聚氯乙烯灰色 PVC 卷材 1.2 11.59 99450760 其他材料费 50.60 990504020 电动双筒慢速卷扬机牵引力 50(kN)	00010010 人工费 1065.03 13330075 聚氯乙烯灰色 PVC 卷材 1.5mm 12.38 99450760 其他材料费 8.93 （删除）
278	G1-7-19	基价(元) 3246.26 　人工费(元) 1211.48 　材料费(元) 1728.39 　机具费(元) 63.83	基价(元) 3313.28 　人工费(元) 1275.31 　材料费(元) 1795.41 　机具费(元) 0
		00010010 人工费 1211.48 03019051 水泥钉 13330070 聚氯乙烯灰色 PVC 卷材 1.2 11.59 99450760 其他材料费 50.34 990504020 电动双筒慢速卷扬机牵引力 50(kN)	00010010 人工费 1275.31 （删除） 13330075 聚氯乙烯灰色 PVC 卷材 1.5mm 12.38 99450760 其他材料费　17.78 （删除）
	G1-7-20	基价(元) 3442.97 　人工费(元) 1376.75 　材料费(元) 1728.39 　机具费(元) 63.83	基价(元) 3509.99 　人工费(元) 1440.58 　材料费(元) 1795.41 　机具费(元) 0

页码	部位或子目编号	原内容	调整为
		G.1.7 防水工程	
278	G1-7-20	00010010 人工费 1376.75 03019051 水泥钉 13330070 聚氯乙烯灰色 PVC 卷材 1.2 11.59 99450760 其他材料费 50.34 990504020 电动双筒慢速卷扬机牵引力 50(kN)	00010010 人工费 1440.58 （删除） 13330075 聚氯乙烯灰色 PVC 卷材 1.5mm 12.38 99450760 其他材料费 17.78 （删除）
278	G1-7-21	基价(元) 2957.94 　人工费(元) 969.23 　材料费(元) 1728.39 　机具费(元) 63.83	基价(元) 3016.07 　人工费(元) 1033.06 　材料费(元) 1786.52 　机具费(元) 0
278	G1-7-21	00010010 人工费 969.23 03019051 水泥钉 13330070 聚氯乙烯灰色 PVC 卷材 1.2 11.59 99450760 其他材料费 50.34 990504020 电动双筒慢速卷扬机牵引力 50(kN)	00010010 人工费 1033.06 （删除） 13330075 聚氯乙烯灰色 PVC 卷材 1.5mm 12.38 99450760 其他材料费 8.89 （删除）
278	G1-7-22	基价(元) 3115.21 　人工费(元) 1101.37 　材料费(元) 1728.39 　机具费(元) 63.83	基价(元) 3173.34 　人工费(元) 1165.20 　材料费(元) 1786.52 　机具费(元) 0
278	G1-7-22	00010010 人工费 1101.37 03019051 水泥钉 13330070 聚氯乙烯灰色 PVC 卷材 1.2 11.59 99450760 其他材料费 50.34 990504020 电动双筒慢速卷扬机牵引力 50(kN)	00010010 人工费 1165.20 （删除） 13330075 聚氯乙烯灰色 PVC 卷材 1.5mm 12.38 99450760 其他材料费 8.89 （删除）
279	G1-7-23	基价(元) 9781.48 　人工费(元) 865.76 　材料费(元) 8675.08 　机具费(元) 63.83	基价(元) 9613.03 　人工费(元) 929.59 　材料费(元) 8506.63 　机具费(元) 0
279	G1-7-23	00010010 人工费 865.76 13330015 HDPE 自粘胶膜防水卷材 65.00 99450760 其他材料费 252.67	00010010 人工费 929.59 13330017 HDPE 自粘胶膜防水卷材 1.2mm 65.00 99450760 其他材料费 84.22

页码	部位或子目编号	原内容	调整为
		G.1.7 防水工程	
	G1-7-23	990504020 电动双筒慢速卷扬机牵引力 50(kN)	(删除)
279	G1-7-24	基价(元) 9873.15 　人工费(元) 942.78 　材料费(元) 8675.08 　机具费(元) 63.83	基价(元) 9704.70 　人工费(元) 1006.61 　材料费(元) 8506.63 　机具费(元) 0
		00010010 人工费 942.78 13330015 HDPE 自粘胶膜防水卷材 65.00 99450760 其他材料费 252.67 990504020 电动双筒慢速卷扬机牵引力 50(kN)	00010010 人工费 1006.61 13330017 HDPE 自粘胶膜防水卷材 1.2mm 65.00 99450760 其他材料费　84.22 (删除)
	G1-7-25	基价(元) 9372.07 　人工费(元) 692.53 　材料费(元) 8471.85 　机具费(元) 63.83	基价(元) 9166.45 　人工费(元) 756.36 　材料费(元) 8266.23 　机具费(元) 0
		00010010 人工费 692.53 13330015 HDPE 自粘胶膜防水卷材 65.00 99450760 其他材料费 246.75 990504020 电动双筒慢速卷扬机牵引力 50(kN)	00010010 人工费 756.36 13330017 HDPE 自粘胶膜防水卷材 1.2mm 65.00 99450760 其他材料费　41.13 (删除)
	G1-7-26	基价(元) 9445.49 　人工费(元) 754.22 　材料费(元) 8471.85 　机具费(元) 63.83	基价(元) 9239.87 　人工费(元) 818.05 　材料费(元) 8266.23 　机具费(元) 0
		00010010 人工费 754.22 13330015 HDPE 自粘胶膜防水卷材 65.00 99450760 其他材料费 246.75 990504020 电动双筒慢速卷扬机牵引力 50(kN)	00010010 人工费 818.05 13330017 HDPE 自粘胶膜防水卷材 1.2mm 65.00 99450760 其他材料费　41.13 (删除)
	G1-7-26-1		增(子目见后附 1) 自粘聚合物改性沥青卷材 湿铺 平面
	G1-7-26-2		增(子目见后附1) 自粘聚合物改性沥青卷材 湿铺 立面

页码	部位或子目编号	原内容	调整为
		G.1.7 防水工程	
	工作内容	清理基层,调配涂料,粘贴纤维布,刷涂料(最后两遍掺水泥作保护层)	清理基层,调配涂料,粘贴纤维布,刷涂料
280	G1-7-27	基价(元) 2679.71 　人工费(元) 1052.06 　材料费(元) 1351.58 　机具费(元) 63.83	基价(元) 2653.46 　人工费(元) 1115.89 　材料费(元) 1325.33 　机具费(元) 0
		00010010 人工费 1052.06 99450760 其他材料费 39.37 990504020 电动双筒慢速卷扬机牵引力 50(kN)	00010010 人工费 1115.89 99450760 其他材料费 13.12 (删除)
	G1-7-28	基价(元) 2913.05 　人工费(元) 1195.55 　材料费(元) 1414.14 　机具费(元) 63.83	基价(元) 2885.59 　人工费(元) 1259.38 　材料费(元) 1386.68 　机具费(元) 0
		00010010 人工费 1195.55 99450760 其他材料费 41.19 990504020 电动双筒慢速卷扬机牵引力 50(kN)	00010010 人工费 1259.38 99450760 其他材料费　13.73 (删除)
	G1-7-29	基价(元) 1171.97 　人工费(元) 420.96 　材料费(元) 594.97 　机具费(元) 63.83	基价(元) 1157.53 　人工费(元) 484.79 　材料费(元) 580.53 　机具费(元) 0
		00010010 人工费 420.96 99450760 其他材料费 17.33 990504020 电动双筒慢速卷扬机牵引力 50(kN)	00010010 人工费 484.79 99450760 其他材料费 2.89 (删除)
	G1-7-30	基价(元) 1265.07 　人工费(元) 478.16 　材料费(元) 619.99 　机具费(元) 63.83	基价(元) 1250.02 　人工费(元) 541.99 　材料费(元) 604.94 　机具费(元) 0
		00010010 人工费 478.16 99450760 其他材料费 18.06 990504020 电动双筒慢速卷扬机牵引力 50(kN)	00010010 人工费 541.99 99450760 其他材料费 3.01 (删除)

页码	部位或子目编号	原内容	调整为
		G.1.7 防水工程	
281	G1-7-31	溶剂型再生胶沥青涂料 二布三涂 平面	(删除)
	G1-7-32	溶剂型再生胶沥青涂料 二布三涂 立面	(删除)
	G1-7-33	溶剂型再生胶沥青涂料 每增减一布一涂 平面	(删除)
	G1-7-34	溶剂型再生胶沥青涂料 每增减一布一涂 立面	(删除)
282	工作内容	清理基层,调配及涂刷涂料	清理基层,调配及涂刷涂料等
	G1-7-35	基价(元) 4412.85 　人工费(元) 670.03 　材料费(元) 3539.41 　机具费(元) 63.83 00010010 人工费 670.03 13030320 聚氨酯甲料 105.550 13030330 聚氨酯乙料 165.130 14330130 二甲苯 99450760 其他材料费 103.09 990504020 电动双筒慢速卷扬机 牵引力 50(kN)	基价(元) 4780.93 　人工费(元) 733.86 　材料费(元) 3907.49 　机具费(元) 0 00010010 人工费 733.86 13030320 聚氨酯甲料 124.782 13030330 聚氨酯乙料 195.218 (删除) 99450760 其他材料费 38.69 (删除)
	G1-7-36	基价(元) 4521.81 　人工费(元) 761.58 　材料费(元) 3539.41 　机具费(元) 63.83 00010010 人工费 761.58 13030320 聚氨酯甲料 105.550 13030330 聚氨酯乙料 165.130 14330130 二甲苯 99450760 其他材料费 103.09 990504020 电动双筒慢速卷扬机 牵引力 50(kN)	基价(元) 4889.89 　人工费(元) 825.41 　材料费(元) 3907.49 　机具费(元) 0 00010010 人工费 825.41 13030320 聚氨酯甲料 124.782 13030330 聚氨酯乙料 195.218 (删除) 99450760 其他材料费 38.69 (删除)
	G1-7-37	基价(元) 1014.41 　人工费(元) 167.51 　材料费(元) 739.07 　机具费(元) 63.83 00010010 人工费 167.51 13030320 聚氨酯甲料 21.110	基价(元) 1247.39 　人工费(元) 231.34 　材料费(元) 972.05 　机具费(元) 0 00010010 人工费 231.34 13030320 聚氨酯甲料 31.196

页码	部位或子目编号	原内容	调整为
		G.1.7 防水工程	
282	G1-7-37	13030330 聚氨酯乙料 33.025 14330130 二甲苯 99450760 其他材料费 21.53 990504020 电动双筒慢速卷扬机 牵引力 50(kN)	13030330 聚氨酯乙料 48.805 （删除） 99450760 其他材料费 4.84 （删除）
	G1-7-38	基价(元) 1041.55 　人工费(元) 190.31 　材料费(元) 739.07 　机具费(元) 63.83	基价(元) 1274.53 　人工费(元) 254.14 　材料费(元) 972.05 　机具费(元) 0
		00010010 人工费 190.31 13030320 聚氨酯甲料 21.110 13030330 聚氨酯乙料 33.025 14330130 二甲苯 99450760 其他材料费 21.53 990504020 电动双筒慢速卷扬机 牵引力 50(kN)	00010010 人工费 254.14 13030320 聚氨酯甲料 31.196 13030330 聚氨酯乙料 48.805 （删除） 99450760 其他材料费 4.84 （删除）
	G1-7-38-1		增(子目见后附2) 非固化橡胶沥青防水涂料 2mm 厚
	G1-7-38-2		增(子目见后附2) 非固化橡胶沥青防水涂料 每增减 0.5mm厚
283	G1-7-39	基价(元) 4232.99 　人工费(元) 522.72 　材料费(元) 3534.88 　机具费(元) 63.83	基价(元) 4164.35 　人工费(元) 586.55 　材料费(元) 3466.24 　机具费(元) 0
		00010010 人工费 522.72 99450760 其他材料费 102.96 990504020 电动双筒慢速卷扬机 牵引力 50(kN)	00010010 人工费 586.55 99450760 其他材料费 34.32 （删除）
	G1-7-40	基价(元) 4421.65 　人工费(元) 679.56 　材料费(元) 3536.87 　机具费(元) 63.83	基价(元) 4352.97 　人工费(元) 743.39 　材料费(元) 3468.19 　机具费(元) 0
		00010010 人工费 679.56 99450760 其他材料费 103.02 990504020 电动双筒慢速卷扬机 牵引力 50(kN)	00010010 人工费 743.39 99450760 其他材料费 34.34 （删除）

页码	部位或子目编号	原内容	调整为
		G.1.7 防水工程	

283	G1-7-41	基价(元) 1115.20
		  人工费(元) 130.68
		  材料费(元) 883.69
		  机具费(元) 63.83
			基价(元) 1093.75
			  人工费(元) 194.51
			  材料费(元) 862.24
			  机具费(元) 0

		00010010 人工费 130.68 99450760 其他材料费 25.74 990504020 电动双筒慢速卷扬机 牵引力 50(kN)	00010010 人工费 194.51 99450760 其他材料费 4.29 (删除)

	G1-7-42	基价(元) 1161.86
		  人工费(元) 169.89
		  材料费(元) 883.69
		  机具费(元) 63.83
			基价(元) 1140.41
			  人工费(元) 233.72
			  材料费(元) 862.24
			  机具费(元) 0

		00010010 人工费 169.89 99450760 其他材料费 25.74 990504020 电动双筒慢速卷扬机 牵引力 50(kN)	00010010 人工费 233.72 99450760 其他材料费 4.29 (删除)

284	G1-7-43	基价(元) 3248.20
		  人工费(元) 606.35
		  材料费(元) 2450.55
		  机具费(元) 63.83
			基价(元) 3200.61
			  人工费(元) 670.18
			  材料费(元) 2402.96
			  机具费(元) 0

		00010010 人工费 606.35 99450760 其他材料费 71.38 990504020 电动双筒慢速卷扬机 牵引力 50(kN)	00010010 人工费 670.18 99450760 其他材料费 23.79 (删除)

	G1-7-44	基价(元) 3421.47
		  人工费(元) 751.93
		  材料费(元) 2450.55
		  机具费(元) 63.83
			基价(元) 3373.88
			  人工费(元) 815.76
			  材料费(元) 2402.96
			  机具费(元) 0

		00010010 人工费 751.93 99450760 其他材料费 71.38 990504020 电动双筒慢速卷扬机 牵引力 50(kN)	00010010 人工费 815.76 99450760 其他材料费 23.79 (删除)

	G1-7-45	基价(元) 1575.50
		  人工费(元) 230.45
		  材料费(元) 1225.25
		  机具费(元) 63.83
			基价(元) 1545.76
			  人工费(元) 294.28
			  材料费(元) 1195.51
			  机具费(元) 0

页码	部位或子目编号	原内容	调整为
		G.1.7 防水工程	
284	G1-7-45	00010010 人工费 230.45 99450760 其他材料费 35.69 990504020 电动双筒慢速卷扬机牵引力 50(kN)	00010010 人工费 294.28 99450760 其他材料费 5.95 (删除)
	G1-7-46	基价(元) 1641.26 　人工费(元) 285.70 　材料费(元) 1225.25 　机具费(元) 63.83 00010010 人工费 285.70 99450760 其他材料费 35.69 990504020 电动双筒慢速卷扬机牵引力 50(kN)	基价(元) 1611.52 　人工费(元) 349.53 　材料费(元) 1195.51 　机具费(元) 0 00010010 人工费 349.53 99450760 其他材料费 5.95 (删除)
285	G1-7-47	基价(元) 5787.92 　人工费(元) 1760.00 　材料费(元) 3617.20 　机具费(元) 63.83 00010010 人工费 1760.00 09090080 PVC 防水板 2 24.62 99450760 其他材料费 105.36 990504020 电动双筒慢速卷扬机牵引力 50(kN)	基价(元) 5717.68 　人工费(元) 1823.83 　材料费(元) 3546.96 　机具费(元) 0 00010010 人工费 1823.83 09090085 PVC 防水板 1.5mm 24.62 99450760 其他材料费 35.12 (删除)
299	G1-7-94	基价(元) 2720.73 　人工费(元) 1142.19 　机具费(元) 70.21 00010010 人工费 1142.19 990504020 电动双筒慢速卷扬机牵引力 50(kN)	基价(元) 2720.73 　人工费(元) 1212.39 　机具费(元) 0 00010010 人工费 1212.39 (删除)

附1：

工作内容：清理基层、涂刷基层处理剂或掺胶水泥浆，铺贴防水卷材，卷材收头固定密封等。

计量单位：100m²

定额编号					G1-7-26-1	G1-7-26-2
子目名称					聚合物改性沥青卷材	
					湿铺	
					平面	立面
基价（元）					4738.64	4869.59
其中		人工费（元）			797.34	907.36
		材料费（元）			3789.65	3789.65
		机具费（元）			—	—
		管理费（元）			151.65	172.58
分类	编码	名称	单位	单价（元）	消耗量	
人工	00010010	人工费	元	—	797.34	907.36
材料	13350550	防水密封膏	kg	22.60	2.250	2.250
	04010015	复合普通硅酸盐水泥 P.C 32.5	t	319.11	0.230	0.230
	13330340	自粘聚合物改性沥青防水卷材(有胎类) 3mm	m²	28.05	126.540	126.540
	14410010	108胶	kg	6.86	11.380	11.380
	34110010	水	m³	4.58	0.080	0.080
	99450760	其他材料费	元	1.00	37.52	37.52

附 2：

工作内容：清理基层、调制、刮涂、喷涂防水层。

计量单位：100m²

		定额编号			G1-7-38-1	G1-7-38-2
		子目名称			非固化橡胶沥青防水涂料	
					2mm 厚	每增减 0.5mm 厚
		基价(元)			5954.60	1539.55
其中		人工费(元)			601.15	198.11
		材料费(元)			4858.10	1208.51
		机具费(元)			320.12	80.03
		管理费(元)			175.23	52.90
分类	编码	名称	单位	单价(元)	消耗量	
人工	00010010	人工费	元	—	601.15	198.11
材料	13050530	非固化橡胶沥青防水涂料	kg	18.50	260.000	65.000
	99450760	其他材料费	元	1.00	48.10	6.01
机具	990783180	喷涂机	台班	36.05	8.880	2.220

关于印发广东省建设工程定额
动态调整的通知
（第 30 期）

粤标定函〔2024〕9 号

各有关单位：

　　《建筑与市政工程防水通用规范》GB 55030—2022（以下简称为"防水通用规范"）已颁布实施，根据新旧防水规范之间的差异，我站组织专家调整了《广东省市政工程综合定额 2018》防水项目相关内容，现印发你们。所调整内容与我省现行工程计价依据配套使用，除合同另有约定外，已经合同双方确认的工程造价成果文件不作调整。

　　执行中遇到的问题，请通过"广东省工程造价信息化平台——建设工程定额动态管理系统"及时反映。

　　附件：《广东省市政工程综合定额 2018》动态调整内容

广东省建设工程标准定额站

2024 年 2 月 20 日

附件：

《广东省市政工程综合定额 2018》动态调整内容

页码	部位或子目编号	原内容	调整为
		第三册 桥涵工程	
119	D3-5-33	基价(元) 892.60 　人工费(元) 287.38 　材料费(元) 559.76 　管理费(元) 45.46	基价(元) 1231.68 　人工费(元) 344.41 　材料费(元) 832.78 　管理费(元) 54.49
		00010010 人工费 287.38 13310030 煤沥青 1029.87t 0.367 99450760 其他材料费 8.27	00010010 人工费 344.41 13310070 石油沥青 30♯ 3.10kg 210.000 99450760 其他材料费 8.25
	D3-5-35	基价(元) 1609.49 　材料费(元) 820.90 80010460 水泥防水砂浆(配合比)1：2 316.58 2.05	基价(元) 960.50 　材料费(元) 9.73 80010750 预拌水泥防水砂浆　1：2—(2.05)
	D3-5-37	聚氨酯 防水涂料 基价(元) 2940.94 　材料费(元) 1759.13 13050150 聚氨酯防水涂料 189.000 99450760 其他材料费 26.00	聚氨酯 防水涂料 1.5mm 基价(元) 3404.62 　材料费(元) 2222.81 13050150 聚氨酯防水涂料 240.000 99450760 其他材料费 22.01
	D3-5-37-1	—	增(子目见后附1) 聚合物改性沥青防水料 2.0mm
	D3-5-37-2	—	增(子目见后附1) 聚合物改性沥青防水涂料　每增 0.5mm
		第七册 隧道工程	
139	工作内容	基层表面清理、修整,喷除基层处理剂,节点附加增强处理,定位、弹线、试铺,铺贴卷材,收头,节点密封,清理、检查、修正	基层表面清理、修整,喷涂基层处理剂,节点附加增强处理,定位、弹线、试铺,铺贴卷材,收头,节点密封,清理、检查、修整,材料洞内运输
	D7-6-1	基价(元) 64.12 　人工费(元) 20.37 　材料费(元) 40.17 　机具费(元) 0.64	基价(元) 66.65 　人工费(元) 21.01 　材料费(元) 42.7 　机具费(元) 0
		00010010 人工费 20.37 13330030 SBS 改性沥青防水卷材 5mm 27.69 99450760 其他材料费 1.17 990504020 电动双筒慢速卷扬机牵引力 50(kN)	00010010 人工费 21.01 13330020 SBS 改性沥青防水卷材 4mm Ⅱ型 30.28 99450760 其他材料费 0.42 (删除)

页码	部位或子目编号	原内容	调整为
		第七册　隧道工程	
139	D7-6-2	基价(元) 60.12 　人工费(元) 17.65 　材料费(元) 39.27 　机具费(元) 0.64	基价(元) 56.94 　人工费(元) 18.29 　材料费(元) 36.09 　机具费(元) 0
		00010010 人工费 17.65 13330030 SBS 改性沥青防水卷材 5mm 27.69 1.377 99450760 其他材料费 消耗量 1.14 990504020 电动双筒慢速卷扬机牵引力 50(kN)	00010010 人工费 18.29 13330020 SBS 改性沥青防水卷材 4mm Ⅱ型 30.28 1.180 99450760 其他材料费 消耗量 0.36 (删除)
	D7-6-3	EVA 聚氯乙烯卷材(高分子) 平面 基价(元) 59.05 　人工费(元) 7.77 　材料费(元) 49.46 　机具费(元) 0.64	EVA 防水卷材(高分子) 平面 基价(元) 53.64 　人工费(元) 8.41 　材料费(元) 44.05 　机具费(元) 0
		00010010 人工费 7.77 02090070 EVA 聚氯乙烯卷材 2mm 32.05 99450760 其他材料费 1.42 990504020 电动双筒慢速卷扬机牵引力 50(kN)	00010010 人工费 8.41 13330430 EVA 防水卷材 1.5mm 28.49 99450760 其他材料费 0.44 (删除)
	D7-6-4	EVA 聚氯乙烯卷材(高分子) 立面 基价(元) 61.18 　人工费(元) 9.64 　材料费(元) 49.46 　机具费(元) 0.64	EVA 防水卷材(高分子) 立面 基价(元) 55.77 　人工费(元) 10.28 　材料费(元) 44.05 　机具费(元) 0
		00010010 人工费 9.64 02090070 EVA 聚氯乙烯卷材 2mm 32.05 99450760 其他材料费 1.42 990504020 电动双筒慢速卷扬机牵引力 50(kN)	00010010 人工费 10.28 13330430 EVA 防水卷材 1.5mm 28.49 99450760 其他材料费 0.44 (删除)
	D7-6-5	基价(元) 52.64 　人工费(元) 17.66 　材料费(元) 31.79 　机具费(元) 0.64	基价(元) 51.68 　人工费(元) 18.29 　材料费(元) 30.83 　机具费(元) 0
		00010010 人工费 17.66 09090080 PVC 防水板 2 24.62 99450760 其他材料费 1.00 990504020 电动双筒慢速卷扬机牵引力 50(kN)	00010010 人工费 18.29 09090085 PVC 防水板 1.5mm 24.62 99450760 其他材料费 0.04 (删除)

页码	部位或子目编号	原内容	调整为
		第七册　隧道工程	
	工作内容	敷设、锚固及焊接防水板,材料洞内及垂直运输	敷设、锚固及焊接防水板,材料洞内运输
140	D7-6-6	基价(元) 841.50 　人工费(元) 172.14 　材料费(元) 508.28 　机具费(元) 120.16 00010010 人工费 172.14 09090090 EVA 防水板 41.00 99450760 其他材料费 14.80 990504020 电动双筒慢速卷扬机牵引力 50(kN)	基价(元) 831.63 　人工费(元) 175.33 　材料费(元) 498.41 　机具费(元) 116.97 00010010 人工费 175.33 09090120 EVA 防水板 1.5mm 41.00 99450760 其他材料费 4.93 (删除)
	D7-6-6-1	——	增(子目见后附 2) 高分子防水卷材 预铺反粘
	D7-6-7	基价(元) 359.95 　人工费(元) 172.14 　材料费(元) 59.92 　机具费(元) 91.04 00010010 人工费 172.14 99450760 其他材料费 1.75 990504020 电动双筒慢速卷扬机牵引力 50(kN)	基价(元) 358.78 　人工费(元) 175.33 　材料费(元) 58.75 　机具费(元) 87.85 00010010 人工费 175.33 99450760 其他材料费 0.58 (删除)
141	D7-6-8	人工费(元) 16.56 　机具费(元) 0.64 00010010 人工费 16.56 990504020 电动双筒慢速卷扬机牵引力 50(kN)	人工费(元) 17.20 　机具费(元) 0 00010010 人工费 17.20 (删除)
	D7-6-9	人工费(元) 5.44 　机具费(元) 0.64 00010010 人工费 5.44 990504020 电动双筒慢速卷扬机牵引力 50(kN)	人工费(元) 6.08 　机具费(元) 0 00010010 人工费 6.08 (删除)

页码	部位或子目编号	原内容	调整为
		第七册　隧道工程	
142	D7-6-10	人工费(元) 12.60 机具费(元) 0.64	人工费(元) 13.24 机具费(元) 0
		00010010 人工费 12.60 990504020 电动双筒慢速卷扬机牵引力 50(kN)	00010010 人工费 13.24 (删除)
	D7-6-11	人工费(元) 23.72 机具费(元) 0.64	人工费(元) 24.36 机具费(元) 0
		00010010 人工费 23.72 990504020 电动双筒慢速卷扬机牵引力 50(kN)	00010010 人工费 24.36 (删除)
	D7-6-12	人工费(元) 16.56 机具费(元) 0.64	人工费(元) 17.20 机具费(元) 0
		00010010 人工费 16.56 990504020 电动双筒慢速卷扬机牵引力 50(kN)	00010010 人工费 17.20 (删除)
	D7-6-13	人工费(元) 11.35 机具费(元) 0.64	人工费(元) 11.99 机具费(元) 0
		00010010 人工费 11.35 990504020 电动双筒慢速卷扬机牵引力 50(kN)	00010010 人工费 11.99 (删除)
	D7-6-14	人工费(元) 2.49 机具费(元) 0.64	人工费(元) 3.13 机具费(元) 0
		00010010 人工费 2.49 990504020 电动双筒慢速卷扬机牵引力 50(kN)	00010010 人工费 3.13 (删除)
		第八册　市政设施养护维修工程	
72	D8-2-10	基价(元) 323.76 材料费(元) 181.94 13050150 聚氨酯防水涂料 19.263	基价(元) 371.39 材料费(元) 229.57 1350150 聚氨酯防水涂料 24.457
197	D8-6-26	基价(元) 78.07 材料费(元) 9.78 80010460 水泥防水砂浆(配合比)1∶2 316.58 0.030	基价(元) 68.57 材料费(元) 0.28 80010750 预拌水泥防水砂浆　1∶2 (0.030)

页码	部位或子目编号	原内容	调整为
		第八册　市政设施养护维修工程	
197	D8-6-27	基价(元) 110.40 　人工费(元) 38.23 　材料费(元) 43.45 　机具费(元) 20.50	基价(元) 109.56 　人工费(元) 39.19 　材料费(元) 42.60 　机具费(元) 19.54
		00010010 人工费 38.23 99450760 其他材料费 1.27 990504020 电动双筒慢速卷扬机 牵引力 50(kN)	00010010 人工费 39.19 99450760 其他材料费 0.42 （删除）
	D8-6-28	基价(元) 136.93 　人工费(元) 34.40 　材料费(元) 61.55 　机具费(元) 31.72	基价(元) 135.75 　人工费(元) 34.72 　材料费(元) 60.36 　机具费(元) 31.41
		00010010 人工费 34.40 09090090 EVA 防水板 99450760 其他材料费 1.79 990504020 电动双筒慢速卷扬机筒 牵引力 50(kN)	00010010 人工费 34.72 09090120 EVA 防水板 1.5mm 99450760 其他材料费 0.60 （删除）

附1：

工作内容：清理基层，节点附加增强处理，涂刷防水层。

计量单位：100m²

定额编号					D3-5-37-1	D3-5-37-2
子目名称					桥面防水层	
					聚合物改性沥青防水涂料	
					2.0mm	每增0.5mm
基价（元）					5637.93	1436.06
其中		人工费（元）			744.97	186.24
		材料费（元）			4456.12	1114.03
		机具费（元）			275.42	91.81
		管理费（元）			161.42	43.98
分类	编码	名称	单位	单价（元）	消耗量	
人工	00010010	人工费	元	—	744.97	186.24
材料	13330380	聚合物改性沥青PB（Ⅰ）2mm	kg	11.03	400.000	100.000
	99450760	其他材料费	元	1.00	44.12	11.03
机具	990140010	汽车式沥青喷洒机箱容量4000（L）	台班	918.06	0.300	0.100

附 2:

工作内容：敷设、锚固及焊接防水卷材，材料洞内及垂直运输。

计量单位：100m²

定额编号					D7-6-6-1	
子目名称					高分子防水卷材	
					预铺反粘	
基价(元)					13094.78	
其中	人工费(元)				3465.00	
	材料费(元)				9144.68	
	机具费(元)				—	
	管理费(元)				485.10	
分类	编码	名称	单位	单价(元)	消耗量	
人工	00010010	人工费	元	—	3465.00	
材料	13330019	HDPE 预铺反粘防水卷材 1.5mm	m²	71.63	125.700	
	13350560	单组分聚氨酯建筑密封膏	kg	33.50	1.500	
	99450760	其他材料费	元	1.00	90.54	

关于印发广东省建设工程定额
动态调整的通知
（第 31 期）

粤标定函〔2024〕10 号

各有关单位：

《建筑与市政工程防水通用规范》GB 55030—2022（以下简称为"防水通用规范"）已颁布实施，根据新旧防水规范之间的差异，我站组织专家调整了《广东省房屋建筑与装饰工程综合定额 2018》防水项目相关内容，现印发你们。所调整内容与我省现行工程计价依据配套使用，除合同另有约定外，已经合同双方确认的工程造价成果文件不作调整。

执行中遇到的问题，请通过"广东省工程造价信息化平台——建设工程定额动态管理系统"及时反映。

附件：《广东省房屋建筑与装饰工程综合定额 2018》动态调整内容

广东省建设工程标准定额站

2024 年 2 月 20 日

附件:

《广东省房屋建筑与装饰工程综合定额 2018》动态调整内容

页码	部位或子目编号	原内容	调整为
		A.1.7 金属结构工程	
376	A1-7-113	防水层	高分子卷材防水层
		基价(元) 14280.06 材料费(元) 6703.04	基价(元) 14962.95 材料费(元) 7385.93
		13330300 TPO 柔性防水卷材 1.2mm 43.00 99450760 其他材料费 213.11	13330330 热塑性聚烯烃防水卷材(TPO) 1.5mm 49.69 99450760 其他材料费 73.13
		A.1.10 屋面及防水工程	
525	说明	三、防水(潮)工程 1. 卷材防水(潮)的定额子目已经考虑了接缝、收头、找平层嵌缝、基层处理剂等工料机消耗,不另计算	三、防水(潮)工程 1. 卷材防水(潮)的定额子目已经考虑了基层处理、防水附加层(后浇带加强层除外)、接缝、收头等工作内容
526	说明	三、防水(潮)工程	增: 12. 成品聚合物防水砂浆适用于由专业生产厂生产的聚合物水泥防水砂浆,包括单组分和双组分。
529	工程量计算规则	二、防水(潮)工程 8. 建筑物地下室防水层,按设计图示尺寸以"m²"计算,但不扣除 0.3 m² 以内的孔洞所占面积。平面与立面交接处的防水层,其上卷高度超过 300mm 时,按立面防水层计算	二、防水(潮)工程 8. 建筑物地下室防水层,按设计图示尺寸以"m²"计算,但不扣除 0.3 m² 以内的孔洞所占面积,后浇带加强层并入相应部位面积内计算。平面与立面交接处的防水层,其上卷高度超过 300mm 时,按立面防水层计算
550	A1-10-53	基价(元) 4670.83 材料费(元) 3831.25	基价(元) 4654.60 材料费(元) 3815.02
		13050520 橡胶沥青防水涂料 溶剂型 99450760 其他材料费 54.00	13050520 橡胶沥青防水涂料 99450760 其他材料费 37.77
	A1-10-54	基价(元) 4024.37 材料费(元) 3319.31	基价(元) 4063.10 材料费(元) 3358.04
		13050520 橡胶沥青防水涂料 溶剂型 13330033 SBS 聚酯胎改性沥青卷材 3mm 厚Ⅰ型 115.00 99450760 其他材料费 54.00	13050520 橡胶沥青防水涂料 13330033 SBS 聚酯胎改性沥青卷材 3mm 厚Ⅰ型 117.845 99450760 其他材料费 16.71

页码	部位或子目编号	原内容	调整为
		A.1.10 屋面及防水工程	
551	A1-10-55	基价(元) 4487.86 材料费(元) 3665.74 13050520 橡胶沥青防水涂料 溶剂型 13330033 SBS 聚酯胎改性沥青卷材 3mm 厚 I 型 26.72 126.300 99450760 其他材料费 54.00	基价(元) 4589.49 材料费(元) 3767.37 13050520 橡胶沥青防水涂料 13330340 自粘聚合物改性沥青防水卷材 (有胎类) 3mm 28.05 124.530 99450760 其他材料费 37.30
	A1-10-56	基价(元) 3849.44 材料费(元) 3153.80 13050520 橡胶沥青防水涂料 溶剂型 13330033 SBS 聚酯胎改性沥青卷材 3mm 厚 I 型 26.72 99450760 其他材料费 54.00	基价(元) 3964.65 材料费(元) 3269.01 13050520 橡胶沥青防水涂料 13330340 自粘聚合物改性沥青防水卷材 (有胎类) 3mm 28.05 99450760 其他材料费 16.26
553	A1-10-58	屋面自粘高分子防水卷材 基价(元) 4179.12 材料费(元) 3357.00 13330150 三元乙丙橡胶卷材 —	屋面高分子防水卷材 基价(元) 4212.69 材料费(元) 3390.57 13330155 三元乙丙橡胶卷材 1.2mm 99450760 其他材料费 33.57
	A1-10-59	基价(元) 4010.86 材料费(元) 3171.28 —	基价(元) 4042.57 材料费(元) 3202.99 99450760 其他材料费 31.71
554	A1-10-60	基价(元) 3740.26 材料费(元) 2649.34 —	基价(元) 3766.75 材料费(元) 2675.83 99450760 其他材料费 26.49
	A1-10-61	屋面聚氯乙烯(PVC)防水卷材 机械固定 1.2mm 厚 基价(元) 6913.50 材料费(元) 5537.89 13330065 聚氯乙烯 PVC 卷材外露、增强型 1.2mm 39.00 —	屋面聚氯乙烯(PVC)防水卷材 机械固定 1.5mm 厚 基价(元) 7279.53 材料价(元) 5903.92 13330067 聚氯乙烯 PVC 卷材 外露、增强 型 1.5mm 41.66 99450760 其他材料费 58.45

页码	部位或子目编号	原内容	调整为
		A.1.10 屋面及防水工程	
555	A1-10-62	基价(元) 10466.99 材料费(元) 9091.38	基价(元) 10557.90 材料费(元) 9182.29
		—	99450760 其他材料费 90.91
	A1-10-63	屋面热塑性聚烯烃(TPO)防水卷材 机械固定 1.2mm 厚	屋面热塑性聚烯烃(TPO)防水卷材 机械固定 1.5mm 厚
		基价(元) 10808.77 材料费(元) 9433.16	基价(元) 12252.67 材料费(元) 10877.06
		13330290 热塑性聚烯烃(TPO)卷材 增强型 1.2mm 厚 73.00	13330293 热塑性聚烯烃(TPO)卷材 增强型 1.5mm 83.73
		—	99450760 其他材料费 107.69
	A1-10-63-1		增(子目见后附 1) 屋面耐根穿刺改性沥青防水卷材
	A1-10-63-2	—	增(子目见后附 2) 屋面耐根穿刺防水卷材(PVC)
	A1-10-63-3	—	增(子目见后附 3) 屋面耐根穿刺防水卷材(TPO)
558	A1-10-74	屋面溶剂型橡胶沥青防水涂料 2mm 厚	(删除)
	A1-10-75	屋面溶剂型橡胶沥青防水涂料 每增减 0.5mm	(删除)
	A1-10-73-1	—	增(子目见后附 4) 屋面水性橡胶沥青防水涂料 2mm 厚
	A1-10-73-2	—	增(子目见后附 4) 屋面水性橡胶沥青防水涂料 每增减 0.5mm
560	A1-10-78 A1-10-79	屋面外露型丙烯酸防水涂料	屋面丙烯酸高弹防水涂料(外露型)
		13010035 丙烯酸聚氨酯漆	13050610 丙烯酸高弹防水涂料(外露型)
563	A1-10-87	基价(元) 1837.98 材料费(元) 676.54	基价(元) 1198.49 材料费(元) 37.05
		80010460 水泥防水砂浆(配合比) 1:2 316.58 2.020	80010750 预拌水泥防水砂浆 1:2 (2.020)
566	A1-10-97 ~ A1-10-100	80050620 丁苯聚合物水泥防水浆料	80050620 聚合物水泥防水浆料

页码	部位或子目编号	原内容	调整为
		A.1.10 屋面及防水工程	
569	A1-10-107	基价(元) 5631.20 材料费(元) 4788.00 —	基价(元) 5679.08 材料费(元) 4835.88 99450760 其他材料费 47.88
571	A1-10-112-1	—	增(子目见后附5) 成品聚合物水泥防水砂浆 平面 5mm 厚
	A1-10-112-2	—	增(子目见后附5) 成品聚合物水泥防水砂浆 平面 每增减 1mm
	A1-10-112-3	—	增(子目见后附5) 成品聚合物水泥防水砂浆 立面 5mm 厚
	A1-10-112-4	—	增(子目见后附5) 成品聚合物水泥防水砂浆 每增减 1mm
572	A1-10-113	基价(元) 5486.28 材料费(元) 4562.77 13050520 橡胶沥青防水涂料 溶剂型 13330035 SBS 聚酯胎改性沥青卷材 4mm 厚 Ⅰ 型 28.15 99450760 其他材料费 54.00	基价(元) 5789.31 材料费(元) 4865.80 13050520 橡胶沥青防水涂料 13330020 SBS 改性沥青防水卷材 4mm Ⅱ 型 30.28 99450760 其他材料费 48.18
	A1-10-114	基价(元) 4222.79 材料费(元) 3517.73 13050520 橡胶沥青防水涂料 溶剂型 13330035 SBS 聚酯胎改性沥青卷材 4mm 厚 Ⅰ 型 28.15 116.500 99450760 其他材料费 54.00	基价(元) 4510.56 材料费(元) 3805.50 13050520 橡胶沥青防水涂料 13330020 SBS 改性沥青防水卷材 4mm Ⅱ 型 30.28 118.967 99450760 其他材料费 18.93
	A1-10-115	基价(元) 5159.45 材料费(元) 4109.85 13050520 橡胶沥青防水涂料 溶剂型 13330035 SBS 聚酯胎改性沥青卷材 4mm 厚 Ⅰ 型 28.15 99450760 其他材料费 54.00	基价(元) 5425.18 材料费(元) 4375.58 13050520 橡胶沥青防水涂料 13330020 SBS 改性沥青防水卷材 4mm Ⅱ 型 30.28 99450760 其他材料费 43.32
	A1-10-116	基价(元) 4283.05 材料费(元) 3472.19 13050520 橡胶沥青防水涂料 溶剂型 13330035 SBS 聚酯胎改性沥青卷材 4mm 厚 Ⅰ 型 28.15 115.000 99450760 其他材料费 54.00	基价(元) 4578.89 材料费(元) 3768.03 13050520 橡胶沥青防水涂料 13330020 SBS 改性沥青防水卷材 4mm Ⅱ 型 30.28 117.845 99450760 其他材料费 18.75

页码	部位或子目编号	原内容	调整为
		A.1.10 屋面及防水工程	
573	A1-10-117	基价(元) 5069.84 　材料费(元) 4165.40 13050520 橡胶沥青防水涂料 溶剂型 13330033 SBS 聚酯胎改性沥青卷材 3mm 厚 Ⅰ型 26.72 145.000 99450760 其他材料费 54.00	基价(元) 5195.07 　材料费(元) 4290.63 13050520 橡胶沥青防水涂料 13330340 自粘聚合物改性沥青防水卷材(有胎类) 3mm 28.05 143.000 99450760 其他材料费 42.48
	A1-10-118	基价(元) 4099.52 　材料费(元) 3403.88 13050520 橡胶沥青防水涂料 溶剂型 13330033 SBS 聚酯胎改性沥青卷材 3mm 厚 Ⅰ型 26.72 99450760 其他材料费 54.00	基价(元) 4217.99 　材料费(元) 3522.35 13050520 橡胶沥青防水涂料 13330340 自粘聚合物改性沥青防水卷材(有胎类) 3mm 28.05 99450760 其他材料费 17.52
	A1-10-119	基价(元) 3265.23 　材料费(元) 2237.55 13050520 橡胶沥青防水涂料 溶剂型 13330260 单面自粘聚合物改性沥青卷材 1.5mm 厚无胎 Ⅰ型 129.770 99450760 其他材料费 54.00	基价(元) 3202.77 　材料费(元) 2175.09 13050520 橡胶沥青防水涂料 13330260 单面自粘聚合物改性沥青卷材 1.5mm 厚无胎 Ⅰ型 127.770 99450760 其他材料费 21.54
	A1-10-120	基价(元) 2816.04 　材料费(元) 2016.00 13050520 橡胶沥青防水涂料 溶剂型 99450760 其他材料费 54.00	基价(元) 2771.85 　材料费(元) 1971.81 13050520 橡胶沥青防水涂料 99450760 其他材料费 9.81
574	A1-10-121	聚合物自粘改性沥青卷材 自粘、湿铺 平面 基价(元) 5993.66 　材料费(元) 5254.47 13050520 橡胶沥青防水涂料 溶剂型 13330033 SBS 聚酯胎改性沥青卷材 3mm 厚 Ⅰ型 26.72 145.000 99450760 其他材料费 100.00	自粘聚合物改性沥青卷材 自粘、湿铺 平面 基价(元) 6083.32 　材料费(元) 5344.13 13050520 橡胶沥青防水涂料 13330340 自粘聚合物改性沥青防水卷材(有胎类) 3mm 28.05 143.000 99450760 其他材料费 52.91
	A1-10-122	聚合物自粘改性沥青卷材 自粘、湿铺 立面 基价(元) 5643.24 　材料费(元) 4803.44 13050520 橡胶沥青防水涂料 溶剂型 13330033 SBS 聚酯胎改性沥青卷材 3mm 厚 Ⅰ型 26.72 129.770 99450760 其他材料费 100.00	自粘聚合物改性沥青卷材 自粘、湿铺 立面 基价(元) 5707.94 　材料费(元) 4868.14 13050520 橡胶沥青防水涂料 13330340 自粘聚合物改性沥青防水卷材(有胎类) 3mm 28.05 127.770 99450760 其他材料费 48.20

页码	部位或子目编号	原内容	调整为
		A.1.10 屋面及防水工程	
574	A1-10-123	基价(元) 14629.44 材料费(元) 13725.00	基价(元) 11261.99 材料费(元) 10357.55
		13330015 HDPE 自粘胶膜防水卷材 145.000	13330017 HDPE 自粘胶膜防水卷材 1.2mm 143.000
		13330270 双面自粘胶带 80mm 宽 35.00 99450760 其他材料费 100.00	13330275 双面胶带 80mm 宽 8.00 99450760 其他材料费 102.55
	A1-10-124	基价(元) 13762.73 材料费(元) 12735.05	基价(元) 9951.08 材料费(元) 8923.40
		13330015 HDPE 自粘胶膜防水卷材 129.770	13330017 HDPE 自粘胶膜防水卷材 1.2mm 127.770
		13330270 双面自粘胶带 80mm 宽 35.00 120.000 99450760 其他材料费 100.00	13330275 双面胶带 80mm 宽 8.00 66.25 99450760 其他材料费 88.35
575	A1-10-125	高分子卷材 1.2mm 厚 冷贴 平面	高分子防水卷材 冷贴 平面
		基价(元) 6307.28 材料费(元) 5106.72	基价(元) 6310.01 材料费(元) 5109.45
		13330150 三元乙丙橡胶卷材 145.000 —	13330155 三元乙丙橡胶卷材 1.2mm 143.000 99450760 其他材料费 50.59
	A1-10-126	高分子卷材 1.2mm 厚 冷贴 立面	高分子防水卷材 冷贴 立面
		基价(元) 5692.21 材料费(元) 4328.03	基价(元) 5687.15 材料费(元) 4322.97
		13330150 三元乙丙橡胶卷材 129.770 —	13330155 三元乙丙橡胶卷材 1.2mm 127.77 99450760 其他材料费 42.80
576	A1-10-127	氯化聚乙烯-橡胶共混卷材 1.2mm 厚 冷贴 平面	氯化聚乙烯-橡胶共混卷材 冷贴 平面
		基价(元) 4536.47 材料费(元) 3335.91	基价(元) 4544.70 材料费(元) 3344.14
		13330130 氯化聚乙烯橡胶卷材 1.2 145.000 —	13330130 氯化聚乙烯橡胶卷材 1.2 143.000 99450760 其他材料费 33.11

页码	部位或子目编号	原内容	调整为
		A.1.10 屋面及防水工程	
576	A1-10-128	氯化聚乙烯-橡胶共混卷材 1.2mm 厚 冷贴 立面	氯化聚乙烯-橡胶共混卷材 冷贴 立面
		基价(元) 4472.17	基价(元) 4478.12
		材料费(元) 3107.99	材料费(元) 3113.94
		13330130 氯化聚乙烯橡胶卷材 1.2 129.770	13330130 氯化聚乙烯橡胶卷材 1.2 127.770
		—	99450760 其他材料费 30.83
572 ～ 576	注	注:平面卷材防水按规范考虑附加层、加强层(桩、承台等处)	(删除)
576	A-10-128-1	—	增(子目见后附6) 预铺反粘防水卷材(聚酯胎类) 预铺 平面
	A-10-128-2	—	增(子目见后附6) 预铺反粘防水卷材(聚酯胎类) 预铺立面
	A-10-128-3	—	增(子目见后附7) 预铺反粘防水卷材(橡胶类)平面
	A-10-128-4	—	增(子目见后附7) 预铺反粘防水卷材(橡胶类) 立面
577	A1-10-129	基价(元) 454.51	基价(元) 335.70
		材料费(元) 266.80	材料费(元) 147.99
		80150460 石油沥青汽油冷底子油(配合比) 30:70 591.10 0.360	13350150 冷底子油 4.07 36.000
		99450760 其他材料费 54.00	99450760 其他材料费 1.47
	A1-10-130	基价(元) 501.63	基价(元) 359.41
		材料费(元) 343.64	材料费(元) 201.42
		80150460 石油沥青汽油冷底子油(配合比) 30:70 591.10 0.490	13350150 冷底子油 4.07 49.000
		99450760 其他材料费 54.00	99450760 其他材料费 1.99
578 ～ 579	注	注:1. 聚氨酯 2mm 厚,如果掺缓凝剂,应分别增加磷酸 0.30kg;如果掺促凝剂应增加二月桂酸二丁基锡 0.25kg。2. 聚氨酯增减 0.5mm,如果掺缓凝剂,应分别增加磷酸 0.06kg;如果掺促凝剂应增加二月桂酸二丁基锡 0.05kg	(删除)

页码	部位或子目编号	原内容	调整为
		A.1.10 屋面及防水工程	
583	A1-10-149	基价(元) 2493.93 材料费(元) 1346.96 —	基价(元) 2507.40 材料费(元) 1360.43 99450760 其他材料费 13.47
	A1-10-150	基价(元) 2650.14 材料费(元) 1346.96 —	基价(元) 2663.61 材料费(元) 1360.43 99450760 其他材料费 13.47
	A1-10-151	基价(元) 1174.66 材料费(元) 709.51 —	基价(元) 1178.21 材料费(元) 713.06 99450760 其他材料费 3.55
	A1-10-152	基价(元) 1238.13 材料费(元) 709.51 —	基价(元) 1241.68 材料费(元) 713.06 99450760 其他材料费 3.55
584	A1-10-153 ～ A1-10-156	溶剂型再生胶沥青聚酯布	(删除)
587	A1-10-163	钠基膨润土防水毯 平面 基价(元) 7464.95 人工费(元) 977.86 材料费(元) 6138.00 管理费(元) 167.64 00010010 人工费 977.86 07290050 钠基膨润土防水毯 145.000 —	钠基膨润土防水毯 基价(元) 7066.45 人工费(元) 1100.20 材料费(元) 5599.47 管理费(元) 185.33 00010010 人工费 1100.20 07290050 钠基膨润土防水毯 129.77 99450760 其他材料费 55.44
	A1-10-164	钠基膨润土防水毯 立面	(删除)
588	A1-10-165	基价(元) 1686.17 材料费(元) 1371.92 99450760 其他材料费 32.80	基价(元) 1680.60 材料费(元) 1366.35 13350550 防水密封膏 22.60 0.904 99450760 其他材料费 6.80
	A1-10-166	基价(元) 2198.00 材料费(元) 1725.48 99450760 其他材料费 35.20	基价(元) 2209.78 材料费(元) 1737.26 13350550 防水密封膏 22.60 1.696 99450760 其他材料费 8.65
596	A1-10-189	基价(元) 1229.67 材料费(元) 955.63 13330150 三元乙丙橡胶卷材	基价(元) 1239.23 材料费(元) 965.19 13330155 三元乙丙橡胶卷材 1.2mm 99450760 其他材料费 9.56

页码	部位或子目编号	原内容	调整为
		A.1.10 屋面及防水工程	
596	A1-10-190	基价(元) 1364.70 材料费(元) 1056.14	基价(元) 1375.26 材料费(元) 1066.70
		13330150 三元乙丙橡胶卷材 —	13330155 三元乙丙橡胶卷材 1.2mm 99450760 其他材料费 10.56

331

附 1：

工作内容：清理基层，铺贴卷材，收头钉压条等。

计量单位：100m²

定额编号					A1-10-63-1
子目名称					屋面耐根穿刺改性沥青防水卷材
基价（元）					8065.32
其中	人工费（元）				654.36
	材料费（元）				7316.34
	机具费（元）				—
	管理费（元）				94.62
分类	编码	名称	单位	单价（元）	消耗量
人工	00010010	人工费	元	—	654.36
材料	13330350	SBS耐根穿刺改性沥青防水卷材 4mm	m²	50.48	121.210
	13350030	防水密封胶	kg	32.61	28.920
	13350160	沥青防水油膏	kg	2.79	5.977
	14390090	液化石油气	kg	6.13	26.992
	99450760	其他材料费	元	1.00	72.44

附 2：

工作内容：清理基层、铺贴卷材，搭接缝采用机械热风焊接、收头固定密封。

定额编号					A1-10-63-2	
子目名称					屋面耐根穿刺防水卷材（PVC）	
基价（元）					8696.28	
其中	人工费（元）				953.10	
	材料费（元）				7605.36	
	机具费（元）				—	
	管理费（元）				137.82	
分类	编码	名称	单位	单价（元）	消耗量	
人工	00010010	人工费	元	—	953.10	
材料	12030170	铝合金压条 综合	m	11.97	12.000	
	13330360	PVC耐根穿刺防水卷材 1.5mm	m²	61.78	118.340	
	13350560	单组分聚氨酯建筑密封膏	kg	33.50	2.250	
	99450760	其他材料费	元	1.00	75.30	

附 3：

工作内容：清理基层、铺贴卷材，搭接缝采用机械热风焊接、收头固定密封。

计量单位：100m²

定额编号					A1-10-63-3
子目名称					屋面耐根穿刺防水卷材（TPO）
基价（元）					11604.73
其中	人工费（元）				981.69
	材料费（元）				10481.09
	机具费（元）				—
	管理费（元）				141.95
分类	编码	名称	单位	单价（元）	消耗量
人工	00010010	人工费	元	—	981.69
材料	12030170	铝合金压条 综合	m	11.97	12.000
	13330410	TPO耐根穿刺防水卷材 1.5mm	m²	85.84	118.340
	13350560	单组分聚氨酯建筑密封膏	kg	33.50	2.250
	99450760	其他材料费	元	1.00	103.77

附 4:

工作内容：清理基层、调制、涂刷防水层。

计量单位：100m²

定额编号					A1-10-73-1	A1-10-73-2
子目名称					屋面水性橡胶沥青防水涂料	
					2mm 厚	每增减 0.5mm
基价（元）					6376.63	1587.49
其中	人工费（元）				806.07	201.59
	材料费（元）				5454.00	1356.75
	机具费（元）				—	—
	管理费（元）				116.56	29.15
分类	编码	名称	单位	单价（元）	消耗量	
人工	00010010	人工费	元	—	806.07	201.59
材料	13050525	橡胶沥青防水涂料 水性	kg	13.50	400.000	100.000
	99450760	其他材料费	元	1.00	54.00	6.75

附 5：

工作内容：清理基层，调配砂浆，抹防水砂浆。

计量单位：100m²

定额编号				A1-10-112-1	A1-10-112-2	A1-10-112-3	A1-10-112-4
子目名称				成品聚合物水泥防水砂浆			
				平面		立面	
				5mm 厚	每增减 1mm	5mm 厚	每增减 1mm
基价(元)				3030.62	593.84	3143.68	614.58
其中	人工费(元)			658.51	120.83	757.29	138.95
	材料费(元)			2276.89	455.54	2276.89	455.54
	机具费(元)			—	—	—	—
	管理费(元)			95.22	17.47	109.50	20.09
分类	编码	名称	单位	单价(元)	消耗量		
人工	00010010	人工费	元	—	658.51	120.83	757.29	138.95
材料	34110010	水	m³	4.58	0.950	0.225	0.950	0.225
	80090580	聚合物防水砂浆(单组分)	kg	2.50	900.000	180.000	900.000	180.000
	99450760	其他材料费	元	1.00	22.54	4.51	22.54	4.51

附 6：

工作内容：清理基层、铺贴防水卷材、搭接缝的粘结和密封。

计量单位：100m²

定额编号					A1-10-128-1	A1-10-128-2
子目名称					预铺反粘防水卷材（聚酯胎类）	
					预铺	
					平面	立面
基价(元)					10153.83	9367.22
其中	人工费(元)				869.20	987.64
	材料费(元)				9158.94	8236.77
	机具费(元)				—	—
	管理费(元)				125.69	142.81
分类	编码	名称	单位	单价(元)	消耗量	
人工	00010010	人工费	元	—	869.20	987.64
材料	13330370	预铺反粘防水卷材（聚酯胎类）4.0mm	m²	59.95	145.000	129.770
	14350830	改性沥青卷材基层处理剂 水性	kg	6.00	35.000	35.000
	14390090	液化石油气	kg	6.13	27.000	27.000
	99450760	其他材料费	元	1.00	90.68	81.55

附 7:

工作内容：清理基层，铺贴防水卷材，卷材收头钉压固定及密封。

计量单位：100m²

定额编号					A1-10-128-3	A1-10-128-4
子目名称					预铺反粘防水卷材（橡胶类）	
					平面	立面
基价(元)					11261.99	9951.08
其中	人工费(元)				790.18	897.85
	材料费(元)				10357.55	8923.40
	机具费(元)				—	—
	管理费(元)				114.26	129.83
分类	编码	名称	单位	单价(元)	消耗量	
人工	00010010	人工费	元	—	790.18	897.85
材料	13330275	双面胶带 80mm 宽	m	8.00	120.000	66.250
	13330420	橡胶类预铺反粘防水卷材 1.5mm 厚	m²	65.00	143.000	127.770
	99450760	其他材料费	元	1.00	102.55	88.35

关于印发广东省建设工程定额动态调整的通知（第 32 期）

粤标定函〔2024〕26 号

各有关单位：

近期，我站组织专家研析了广东省建设工程定额动态管理系统收集的反馈意见，现将《广东省市政工程综合定额 2018》旋挖成孔灌注桩、旋挖桩入岩增加费等调整内容印发你们。本调整内容与我省现行工程计价依据配套使用，除合同另有约定外，已经合同双方确认的工程造价成果文件不作调整，请遵照执行。执行中遇到的问题，请通过"广东省工程造价信息化平台——建设工程定额动态管理系统"及时反映。

附件：《广东省市政工程综合定额 2018》动态调整内容

广东省建设工程标准定额站
2024 年 5 月 8 日

附件：

《广东省市政工程综合定额2018》动态调整内容

页码	部位或子目编号	原内容	调整为
		第一册　通用项目	
63	说明	十四、泥浆运输参照桩工程泥浆运输子目计算规则计算	十四、泥浆运输执行桩工程泥浆运输子目
65	工程量计算规则	/	新增： 八、水平导向钻进 3.水平导向钻进的泥浆工程量，按两个工作井井中的水平距离乘以设计管道截面面积以"m³"计算，单管管径按管公称直径计算；群管管径按群管所围成的外径计算
93	说明	/	新增： 四十五、旋挖成孔灌注桩按湿作业成孔考虑时，土方外运按泥浆和渣土分别计算，渣土性质应依据地质勘察报告或地质资料确定
96	工程量计算规则	十六、成孔混凝土灌注桩 5.泥浆运输工程量按钻、冲孔桩旋挖桩成孔工程量以"m³"计算	十六、成孔混凝土灌注桩 5.钻、冲孔桩泥浆运输工程量按成孔工程量以"m³"计算。旋挖成孔灌注桩采用湿作业成孔时，土方外运包括渣土和泥浆，渣土外运工程量按成孔工程量以"m³"计算，泥浆外运工程量按成孔工程量的20％计算。旋挖成孔灌注桩采用干作业成孔时，渣土外运工程量按成孔工程量以"m³"计算
162	D1-3-164	基价3717.38 　人工费623.91 　材料费169.80 　机具费2419.91 　管理费503.76 990212020 履带式旋挖钻机 孔径1000(mm)　台班　2166.22 0.576	基价3716.89 　人工费623.91 　材料费169.80 　机具费2419.49 　管理费503.69 990212040 履带式旋挖钻机 孔径1500(mm)　台班　2998.37 0.416

页码	部位或子目编号	原内容	调整为
		第一册 通用项目	
169	D1-3-179	基价 8922.65 人工费 1200.54 材料费 — 机具费 6455.10 管理费 1267.01	基价 30332.76 人工费 1202.72 材料费 8774.22 机具费 17294.53 管理费 3061.29
	D1-3-180	基价 6513.61 人工费 885.17 材料费 — 机具费 4703.51 管理费 924.93	基价 27045.96 人工费 886.78 材料费 6784.74 机具费 16497.37 管理费 2877.07
	D1-3-181	基价 4341.34 人工费 584.32 材料费 — 机具费 3140.56 管理费 616.46	基价 25732.82 人工费 585.37 材料费 6273.35 机具费 16110.87 管理费 2763.23
		第二册 道路工程	
67	说明	—	新增： 五、人行道砖铺设按拼图案铺贴,其铺设人工费乘以系数 1.10

③ 旋挖成孔灌注桩

工作内容：1. 测量放线。

2. 旋挖，焊接牙轮、截齿、更换钻头、清渣，成孔。

计量单位：10m³

定额编号					D1-3-179	D1-3-180	D1-3-181
子目名称					旋挖桩入岩增加费		
					设计桩径		
					1000 内	1500 内	2000 内
基价(元)					30332.76	27045.96	25732.82
其中	人工费(元)				1202.72	886.78	585.37
	材料费(元)				8774.22	6784.74	6273.35
	机具费(元)				17294.53	16497.37	16110.87
	管理费(元)				3061.29	2877.07	2763.23
分类	编码	名称	单位	单价(元)	消耗量		
人工	00010010	人工费	元	—	1202.72	886.78	585.37
材料	03135071	低合金钢耐热焊条 综合	kg	12.75	1.120	0.980	0.798
	03139621	牙轮掌片	个	3025.50	2.623	2.047	1.919
	03139631	截齿	个	153.42	4.898	3.397	2.622
	99450760	其他材料费	元	1.00	72.60	57.88	54.97
机具	990106030	履带式单斗液压挖掘机 斗容量 1(m³)	台班	1439.74	0.710	0.520	0.350
	990212040	履带式旋挖钻机 孔径 1500(mm)	台班	2998.37	5.422	5.248	—
	990212060	履带式旋挖钻机 孔径 2000(mm)	台班	3994.92	—	—	3.904
	990901015	交流弧焊机 容量 30(kV·A)	台班	94.70	0.160	0.140	0.114

关于印发广东省建设工程定额
动态调整的通知（第 33 期）

粤标定函〔2024〕27 号

各有关单位：

近期，我站组织专家研析了广东省建设工程定额动态管理系统收集的反馈意见，现将《广东省房屋建筑与装饰工程综合定额 2018》调整内容印发你们。本调整内容与我省现行工程计价依据配套使用，除合同另有约定外，已经合同双方确认的工程造价成果文件不作调整，请遵照执行。执行中遇到的问题，请通过"广东省工程造价信息化平台——建设工程定额动态管理系统"及时反映。

附件：《广东省房屋建筑与装饰工程综合定额 2018》动态调整内容

广东省建设工程标准定额站

2024 年 5 月 15 日

附件：

《广东省房屋建筑与装饰工程综合定额2018》动态调整内容

页码	部位或子目编号	原内容	调整为
64	说明	/	五、地下连续墙 7.地下连续墙的混凝土含量按1.20扩散系数考虑，实际灌注量不同时，可调整混凝土量
98	工程量计算规则	十、所有桩的长度，除另有规定外，预算按设计长度；结算按实际入土桩的长度(单独制作的桩尖除外)计算，超出地面的桩长度不得计算，成孔灌注混凝土桩的计算桩长以成孔长度为准	十、桩 1.成孔灌注桩(沉管灌注桩除外)长度计算，除另有说明外，编制预算时成孔长度按设计桩长加成孔施工时的原地面标高至桩顶设计标高的高度计算；结算时按照成桩记录成孔施工时的原地面标高与桩底标高高度计算。 2.灌注桩灌注混凝土成桩长度编制预算时，按设计桩长加设计要求的超灌高度计算；结算时按成桩记录的桩顶标高(设计桩顶标高加超灌高度)与桩底标高的高度计算。 3.预制桩编制预算时按设计桩长(单独制作的桩尖除外)加设计要求的沉桩时原地面标高减送桩长度计算；结算时按沉桩记录的实际入土长度(不含送桩)计算，超出地面的桩长度不得计算
361	A1-7-73	/	增： 材料 12210130　钢栏杆(型钢)　t-[1.000]
	A1-7-74	/	增： 材料 12210140　钢栏杆(钢管)t-[1.000]
	A1-7-75	/	增： 材料 12210150　钢栏杆(圆、方钢)t-[1.000]

页码	部位或子目编号	原内容	调整为
736	说明	/	6. 隔断、隔墙 (5)如设计隔断、隔墙工程为弧形与不规则造型,人工乘以调整系数 1.1
1284	工程量计算规则	7. 现浇钢筋混凝土屋架以及不与板相接的梁,按屋架跨度或梁长乘以高度以"m²"计算综合脚手架,高度从地面或楼面算起,屋架计至架顶平均高度双面计算,单梁高度计至梁面单面计算。在外墙轴线的现浇屋架、单梁及与楼板一起现浇的梁均不得计算脚手架	7. 现浇钢筋混凝土屋架以及不与板相接的梁,按屋架跨度或梁长乘以高度以"m²"计算综合脚手架,高度从地面或楼面算起,屋架计至架顶平均高度双面计算,单梁高度计至梁面单面计算。在外墙轴线的现浇屋架、单梁及与楼板一起现浇的梁均不得计算脚手架。屋面外墙轴线上的现浇梁柱可计算脚手架

关于印发广东省建设工程定额
动态调整的通知（第 34 期）

粤标定函〔2024〕31 号

各有关单位：

近期，我站组织专家研析了广东省建设工程定额动态管理系统收集的反馈意见，现将《广东省市政工程综合定额 2018》《广东省建设工程施工机具台班费用编制规则 2018》相关调整内容印发给你们，请遵照执行。

本调整内容与我省现行工程计价依据配套使用，除合同另有约定外，已经合同双方确认的工程造价成果文件不作调整。执行中遇到的问题，请通过"广东省工程造价信息化平台——建设工程定额动态管理系统"及时反馈。

附件：《广东省建设工程计价依据 2018》动态调整内容

广东省建设工程标准定额站
2024 年 5 月 23 日

《广东省建设工程计价依据 2018》动态调整内容

页码	部位或子目编号	原内容	调整为
		《广东省市政工程综合定额 2018》	
		第一册 通用项目	
2	目录	6 岩石破碎机破碎岩石	6 挖掘机带破碎锤破碎石方
18	工程量计算规则	十三、凿岩机破碎石方、岩石破碎机破碎岩石按设计要求或施工组织方案进行破碎,以"m³"计算	十三、凿岩机破碎石方、挖掘机带破碎锤破碎石方按设计要求或施工组织方案进行破碎,以"m³"计算
48	项目名称	6 岩石破碎机破碎岩石	6 挖掘机带破碎锤破碎石方 (详见附1)
48	子项	(1)岩石破碎机破碎平基岩石	(删除)
49	子项	(2)岩石破碎机破碎槽、坑岩石	(删除)
		《广东省建设工程施工机具台班费用编制规则 2018》	
10	9901 土石方及筑路机械	—	(新增:详见附2) 990107035 履带式单斗挖掘机（带破碎锤）斗容量2(m³)

附 1：

6 挖掘机带破碎锤破碎石方

工作内容：装拆凿岩机头、破碎石方、解小巨石、机械移动、锤头保养及钢钎更换。

计量单位：100m³ 天然密实方

定额编号				D1-1-97-1	D1-1-98-1	D1-1-99-1	D1-1-100-1	D1-1-101-1
子目名称				挖掘机带破碎锤破碎一般石方				
				极软石	软岩	较软岩	较硬岩	坚硬岩
基价(元)				3108.57	4332.76	6454.32	10361.83	12992.19
其中	人工费(元)			319.00	319.00	352.00	407.00	451.00
	材料费(元)			246.88	246.88	471.34	594.78	718.22
	机具费(元)			2222.24	3309.34	4961.01	8266.34	10448.54
	管理费(元)			320.45	457.54	669.97	1093.71	1374.43
分类	编码	名称	单位	单价(元)	消耗量			
人工	00010010	人工费	元	—	319.00	319.00	352.00	407.00	451.00
材料	03214660	破碎锤钢钎	个	2222.22	0.110	0.110	0.210	0.265	0.320
	99450760	其他材料费	元	1.00	2.44	2.44	4.67	5.89	7.11
机具	990107035	履带式单斗挖掘机(带破碎锤)斗容量2(m³)	台班	2002.02	1.110	1.653	2.478	4.129	5.219

注：破碎槽、坑石方人工费及机械费乘以系数 1.20。

单位：台班

编码				990107035
子 目 名 称	单位	单价		履带式单斗挖掘机（带破碎锤）
				斗容量(m³)
		（元）		2
台班单价	元			2002.02
费用组成 折旧费	元	1.00		438.73
检修费	元	1.00		164.39
维护费	元	1.00		457.01
安拆费	元	1.00		
人工	工日	230.00		2.00
燃料动力 汽油	kg	6.38		
柴油	kg	5.65		85.29
电	kW·h	0.77		
水	m³	4.58		
燃料动力费	元			481.89
其他费用	元			

关于印发广东省建设工程定额
动态调整的通知（第 35 期）

粤标定函〔2024〕38 号

各有关单位：

近期，我站组织专家研析了广东省建设工程定额动态管理系统收集的反馈意见，现将《广东省房屋建筑与装饰工程综合定额 2018》调整内容印发你们，请遵照执行。

本调整内容与我省现行工程计价依据配套使用，除合同另有约定外，已经合同双方确认的工程造价成果文件不作调整。执行中遇到的问题，请通过"广东省工程造价信息化平台——建设工程定额动态管理系统"及时反馈。

附件：《广东省房屋建筑与装饰工程综合定额 2018》动态调整内容

广东省建设工程标准定额站
2024 年 7 月 17 日

附件：

《广东省房屋建筑与装饰工程综合定额2018》动态调整内容

页码	部位或子目编号	原内容	调整为
98	工程量计算规则	桩 1. 成孔灌注桩(沉管灌注桩除外)长度计算,除另有说明外,编制预算时,成孔长度按设计桩长加成孔施工时的原地面标高至桩顶设计标高的高度计算;结算时按照成桩记录成孔施工时的原地面标高与桩底标高高度计算。 2. 灌注桩灌注混凝土成桩长度编制预算时,按设计桩长加设计要求的超灌高度计算;结算时按成桩记录的桩顶标高(设计桩顶标高加超灌高度)与桩底标高的高度计算。 3. 预制桩编制预算时按设计桩长(单独制作的桩尖除外)加设计要求的沉桩时原地面标高减送桩长度计算;结算时按沉桩记录的实际入土长度(不含送桩)计算,超出地面的桩长度不得计算	十、桩 1. 成孔灌注桩(沉管灌注桩除外)长度计算,除另有说明外,编制预算时,成孔长度按设计桩长加成孔施工时的原地面标高至桩顶设计标高的高度计算;结算时按桩施工记录由成孔施工时的原地面标高至桩底标高的高度计算。 2. 灌注桩灌注混凝土成桩长度计算,编制预算时,按设计桩长加设计要求的超灌高度计算;结算时按桩施工记录由桩顶设计标高至桩底标高的高度加超灌高度计算。 3. 预制桩长度计算,编制预算时,按设计桩长加施工时地面标高与设计桩顶标高差值的长度计算,如设计要求送桩的,须减送桩长度,送桩费用另行计算;结算时按桩施工记录的桩体实际入土长度计算,超出地面的桩长度不得计算
131	A1-3-93	基价(元) 3638.04 　机具费(元) 2419.91 　管理费(元) 525.41	基价(元) 3027.51 　机具费(元) 1899.78 　管理费(元) 435.01
		990302035 履带式起重机提升质量40(t)台班 1667.09 0.312	删除
	A1-3-94	基价(元) 2935.28 　机具费(元) 1982.43 　管理费(元) 421.92	基价(元) 2512.60 　机具费(元) 1622.34 　管理费(元) 359.33
		990302035 履带式起重机提升质量40(t)台班 1667.09 0.216	删除

页码	部位或子目编号	原内容	调整为
131	A1-3-95	基价(元) 2700.54 机具费(元) 1936.47 管理费(元) 387.45	基价(元) 2356.13 机具费(元) 1643.06 管理费(元) 336.45
		990302035 履带式起重机提升质量40(t) 台班 1667.09　0.176	删除
270	A1-5-151	基价(元) 46.22 材料费(元) 7.32	基价(元) 48.09 材料费(元) 9.19
		14410480 强力植筋胶 L 85.00　0.014	14410480 强力植筋胶 L 85.00　0.036
	A1-5-152	基价(元) 47.99 材料费(元)9.09	基价(元) 51.14 材料费(元) 12.24
		14410480 强力植筋胶 L 85.00　0.024	14410480 强力植筋胶 L 85.00　0.061
	A1-5-153	基价(元) 97.74 材料费(元) 11.30	基价(元) 102.33 材料费(元) 15.89
		14410480 强力植筋胶 L 85.00　0.037	14410480 强力植筋胶 L 85.00　0.091
	A1-5-154	基价(元) 100.09 材料费(元) 13.65	基价(元) 106.63 材料费(元) 20.19
		14410480 强力植筋胶 L 85.00　0.051	14410480 强力植筋胶 L 85.00　0.128
271	A1-5-155	基价(元) 157.04 材料费(元) 16.26	基价(元) 165.71 材料费(元) 24.93
		14410480 强力植筋胶 L 85.00　0.068	14410480 强力植筋胶 L 85.00　0.170
	A1-5-156	基价(元) 160.00 材料费(元) 19.22	基价(元) 171.14 材料费(元) 30.36
		14410480 强力植筋胶 L 85.00　0.088	14410480 强力植筋胶 L 85.00　0.219
	A1-5-157	基价(元) 249.62 材料费(元) 22.40	基价(元)　263.56 材料费(元) 36.34
		14410480 强力植筋胶 L 85.00　0.110	14410480 强力植筋胶 L 85.00　0.274
	A1-5-158	基价(元) 260.16 材料费(元) 32.94	基价(元) 282.00 材料费(元) 54.78
		14410480 强力植筋胶 L 85.00　0.171	14410480 强力植筋胶 L 85.00　0.428

页码	部位或 子目编号	原内容	调整为
272	A1-5-159	基价(元) 413.14 　材料费(元) 37.11	基价(元) 445.19 　材料费(元) 69.16
		14410480 强力植筋胶 L 85.00　0.250	14410480 强力植筋胶 L 85.00　0.627
	A1-5-160	基价(元) 425.88 　材料费(元) 49.85	基价(元) 474.16 　材料费(元) 98.13
		14410480 强力植筋胶 L 85.00　0.380	14410480 强力植筋胶 L 85.00　0.948
	A1-5-161	基价(元) 586.39 　材料费(元) 73.90	基价(元) 631.87 　材料费(元) 119.38
		14410480 强力植筋胶 L 85.00　0.638	14410480 强力植筋胶 L 85.00　1.173
	A1-5-162	基价(元) 605.94 　材料费(元) 93.45	基价(元) 684.56 　材料费(元) 172.07
		14410480 强力植筋胶 L 85.00　0.827	14410480 强力植筋胶 L 85.00　1.752
270、 271、 272	注:	注:植筋深度按 10D 考虑。设计植入深度不同的,植筋胶含量按如下公式 $S＝S'×1.1×1.1$ 计算,其他不变。其中 S' 代表孔内空隙体积,孔内空隙体积＝孔洞体积(按植入钢筋加大一级计算)－孔内钢筋体积	注:植筋深度按 10D 考虑。设计植入深度不同的,植筋胶含量按如下公式 $S＝S'×1.1×1.1$ 计算,其他不变。其中 S' 代表孔内空隙体积,孔内空隙体积＝孔洞体积(按规范规程计算)－孔内钢筋体积。(规范:《混凝土结构加固设计规范》GB 50367—2013 和《混凝土结构后锚固技术规程》JGJ 145—2013)
1284	工程量计 算规则	2. 工期按现行的建设工程施工标准工期定额计算	编制概算、预算时可按现行的建设工程施工工期定额计算,或结合类似工程合理确定工期计算;发承包阶段按拟定的合同工期计算

关于印发广东省建设工程定额
动态调整的通知（第 36 期）

粤标定函〔2024〕39 号

各有关单位：

为进一步提升我省建设工程项目的安全绿色施工管理水平，经测算，补充《广东省房屋建筑与装饰工程综合定额 2018》脚手架金属防护网相关定额子目，现印发你们，请遵照执行。

本调整内容与我省现行工程计价依据配套使用，采用其他专业综合定额为计价依据的均可直接套用，但除合同另有约定外，已经合同双方确认的工程造价成果文件不作调整。执行中遇到的问题，请通过"广东省工程造价信息化平台——建设工程定额动态管理系统"及时反馈。

附件：《广东省房屋建筑与装饰工程综合定额 2018》动态调整内容

广东省建设工程标准定额站
2024 年 7 月 26 日

附件：

《广东省房屋建筑与装饰工程综合定额 2018》动态调整内容

脚手架金属防护网补充子目使用说明

脚手架金属防护网安拆、脚手架金属防护网使用费子目属于《广东省房屋建筑与装饰工程综合定额 2018》A.1.21 脚手架工程内容，适用于采用镀锌带框冲孔钢板网作为脚手架立面防护结构的费用确定。相关工程量计算规则如下：

1. 脚手架金属防护网搭拆工程量，按金属防护网实际围护面积以"m^2"计算。

2. 脚手架金属防护网使用工程量，按金属防护网搭设面积乘以金属防护网在施工现场的有效使用天数计算，金属防护网有效使用天数计算同综合脚手架一致。

A.1.21.1　建筑脚手架工程
11. 脚手架金属防护网

工作内容：冲孔钢板网安装、拆除，拆除后的材料分类、堆放、整理及场内外运输等。

计量单位：10m²

定额编号					A1-21-104-1	
子目名称					脚手架金属防护网安拆	
基价(元)					139.32	
其中	人工费(元)				119.05	
	材料费(元)				—	
	机具费(元)				1.66	
	管理费(元)				18.61	
分类	编码	名称	单位	单价(元)	消　耗　量	
人工	00010010	人工费	元	—	119.05	
机具	990401025	载货汽车 装载质量 6(t)	台班	552.75	0.003	

注：执行本子目需扣减相应综合脚手架子目中密目式阻燃安全网材料，其他内容不调整。

工作内容：施工期间的加固维修和安全管理，材料的周转摊销及损耗。

计量单位：100m² · 10 天

定额编号					A1-21-104-2
子目名称					脚手架金属防护网使用费
基价(元)					73.34
其中	人工费(元)				10.45
	材料费(元)				61.28
	机具费(元)				—
	管理费(元)				18.61
分类	编码	名称	单位	单价(元)	消 耗 量
人工	00010010	人工费	元	—	10.45
材料	03214670	冲孔钢板网 0.5mm 厚	m²	37.37	1.304
	35030170	脚手架直角扣(含螺丝)	套	5.24	1.139
	35030290	金属连接件	个	5.24	1.139
	99450760	其他材料费	元	1.00	0.61

注：1. 本子目按照 0.5 厚镀锌带框冲孔钢板网编制的，实际使用规格不一致，不予调整。

2. 镀锌带框冲孔钢板网总摊销使用费不能超过原值的 80%。项目要求一次性摊销的，镀锌带框冲孔钢板网残值率按 20% 考虑。

关于印发广东省建设工程定额
动态调整的通知（第 37 期）

粤标定函〔2024〕41 号

各有关单位：

近期，我站组织专家研析了广东省建设工程定额动态管理系统收集的反馈意见，现将《广东省房屋建筑与装饰工程综合定额 2018》天棚工程、《广东省绿色建筑计价指引》吊顶转换层调整内容印发给你们，请遵照执行。

本调整内容与我省现行工程计价依据配套使用，除合同另有约定外，已经合同双方确认的工程造价成果文件不作调整。执行中遇到的问题，请通过"广东省工程造价信息化平台——建设工程定额动态管理系统"及时反馈。

附件：《广东省建设工程计价依据 2018》动态调整内容

广东省建设工程标准定额站
2024 年 7 月 31 日

附件：

《广东省建设工程计价依据 2018》动态调整内容

页码	部位或子目编号	原内容	调整为
		《广东省房屋建筑与装饰工程综合定额 2018》		
856	说明	—	增： 二十二、天棚安装吊杆采用反支撑构造时，反支撑的制作、安装可分别套用 A.1.7 金属结构工程中的附墙钢支架制作、安装子目，其中人工费乘以系数 0.60 计算，其他不变
		《广东省绿色建筑计价指引》		
6	说明	（1）本节包括反支撑体系吊顶天棚、蜂窝铝板吊顶、树脂板吊顶、GRG 吊顶	（1）本节包括吊顶转换层、蜂窝铝板吊顶、树脂板吊顶、GRG 吊顶
		（3）反支撑体系、干挂 GRG 吊顶对应定额子目机具均含有移动式升降平台，如采用满堂脚手架，可按施工方案确定相应费用，并相应扣减定额子目基价的移动式升降平台机具费	（3）吊顶转换层、干挂 GRG 吊顶对应定额子目机具均含有移动式升降平台，如采用满堂脚手架，可按施工方案确定相应费用，并相应扣减定额子目基价的移动式升降平台机具费
		（4）采用反支撑体系的轻钢龙骨天棚工程和铝合金龙骨天棚工程，扣除《广东省房屋建筑与装饰工程综合定额 2018》对应的轻钢天棚龙骨和铝合金天棚龙骨子目中的热轧圆盘条 φ10 以内的消耗量	（删除）
8	工程量计算规则	（1）反支撑体系按设计图示尺寸以"t"计算	（1）吊顶转换层按设计图示尺寸以"t"计算
17	子目名称	3.6.1 反支撑体系	3.6.1 吊顶转换层 （详见附）

附：

3.6 天棚工程

3.6.1 吊顶转换层、反支撑

工作内容：放线、卸料、检验、划线、构件现场加工、拼装、加固、翻身就位、
绑扎吊装、校正、焊接、固定、补漆、清理。

计量单位：t

定额编号					3-6-1
子目名称					吊顶转换层
基价（元）					9775.65
其中	人工费（元）				3498.86
	材料费（元）				5671.67
	机具费（元）				67.65
	管理费（元）				537.47
分类	编码	名称	单位	单价（元）	消耗量
人工	00010010	人工费	元	—	3498.86
材料	01000030	镀锌型钢 综合	t	4400.00	0.990
	01290207	镀锌钢板 0.8~1	kg	4.38	70.000
	03011250	不锈钢螺栓 M12×30	10套	31.90	23.000
	03011323	高强膨胀螺栓 M12	十套	23.80	6.600
	03135274	电焊条 E4303ϕ2.5mm	kg	8.49	4.030
	14390070	氧气	m³	5.16	5.538
	14390105	乙炔气	m³	9.00	3.046
	99450760	其他材料费	元	1.00	28.09
机具	990514020	移动式升降平台	台班	125.10	0.110
	990901015	交流弧焊机 容量30(kV·A)	台班	94.70	0.569

360

关于印发广东省建设工程定额
动态调整的通知（第 38 期）

粤标定函〔2024〕43 号

各有关单位：

近期，我站组织专家研析了广东省建设工程定额动态管理系统收集的反馈意见，补充《广东省建设工程计价依据 2018》绳锯切割钢筋混凝土定额子目，现印发你们，请遵照执行。

本调整内容与我省现行工程计价依据配套使用，除合同另有约定外，已经合同双方确认的工程造价成果文件不作调整。执行中遇到的问题，请通过"广东省工程造价信息化平台——建设工程定额动态管理系统"及时反馈。

附件：《广东省建设工程计价依据 2018》动态调整内容

广东省建设工程标准定额站

2024 年 8 月 14 日

附件：

《广东省建设工程计价依据 2018》
动态调整内容

绳锯切割钢筋混凝土补充子目
说明

一、定额适用于基坑支护支撑梁及支撑板的拆除，市政工程仅适用于明挖隧道基坑支护工程。

二、支撑梁下方的支撑架体搭拆按 2.50m 以内考虑；当支撑架体高度大于 2.50m，支撑费用根据审批的施工方案另行计算，扣除材料钢支撑费用。

三、定额已含钢筋混凝土构件场内转运与吊运至基坑边安全位置或指定位置，未包含钢筋混凝土构件的二次破碎、场外运输和弃置费。

四、定额未考虑拆除废料的残值。

五、定额未考虑楼板下层保留的支撑体系及顶板行走叉车的加固措施，发生时根据审批的施工方案另行计算。

工程量计算规则

绳锯切割钢筋混凝土按设计图示尺寸以"m^3"计算。

附1：

《广东省房屋建筑与装饰工程综合定额2018》动态调整内容

A.1.2.9 绳锯切割钢筋混凝土

工作内容：清理场地、支撑架体搭拆、切割拆除、场内运输、作业面清理。

计量单位：10m³

		定额编号				A1-2-65
		子目名称				绳锯切割钢筋混凝土
		基价(元)				3211.00
其中		人工费(元)				917.51
		材料费(元)				664.21
		机具费(元)				1252.19
		管理费(元)				377.09
分类	编码	名称	单位	单价(元)	消 耗 量	
人工	00010010	人工费	元	—	917.51	
材料	02230060	金刚石绳锯	m	115.50	3.920	
	34110010	水	m³	4.58	7.050	
	35090230	钢支撑	kg	3.88	44.480	
	99450760	其他材料费	元	1.00	6.58	
机具	990304056	汽车式起重机 提升质量80(t)	台班	4649.65	0.210	
	990305040	叉式起重机 提升质量10(t)	台班	880.54	0.210	
	990772120	金刚石绳锯切割机 功率22(kW)	台班	108.16	0.840	

附 2：

《广东省市政工程综合定额 2018》动态调整内容
D.1.4.14　绳锯切割钢筋混凝土

工作内容：清理场地、支撑架体搭拆、切割拆除、场内运输、作业面清理。

计量单位：10m³

定额编号					D1-4-94	
子目名称					绳锯切割钢筋混凝土	
基价(元)					3107.51	
其中	人工费(元)				917.51	
	材料费(元)				664.21	
	机具费(元)				1252.19	
	管理费(元)				273.60	
分类	编码	名称	单位	单价(元)	消 耗 量	
人工	00010010	人工费	元	—	917.51	
材料	02230060	金刚石绳锯	m	115.50	3.920	
	34110010	水	m³	4.58	7.050	
	35090230	钢支撑	kg	3.88	44.480	
	99450760	其他材料费	元	1.00	6.58	
机具	990304056	汽车式起重机 提升质量 80(t)	台班	4649.65	0.210	
	990305040	叉式起重机 提升质量 10(t)	台班	880.54	0.210	
	990772120	金刚石绳锯切割机 功率 22(kW)	台班	108.16	0.840	

附 3:

《广东省城市轨道交通工程综合定额 2018》动态调整内容
M. 2. 13　绳锯切割钢筋混凝土

工作内容：清理场地、支撑架体搭拆、切割拆除、场内运输、作业面清理。

计量单位：10m³

定额编号					M1-2-171	
子目名称					绳锯切割钢筋混凝土	
基价(元)					3253.80	
其中	人工费(元)				917.51	
	材料费(元)				664.21	
	机具费(元)				1248.79	
	管理费(元)				423.29	
分类	编码	名称	单位	单价(元)	消　耗　量	
人工	00010010	人工费	元	—	917.51	
材料	02230060	金刚石绳锯	m	115.50	3.920	
	34110010	水	m³	4.58	7.050	
	35090230	钢支撑	kg	3.88	44.480	
	99450760	其他材料费	元	1.00	6.58	
机具	990304056	汽车式起重机 提升质量 80(t)	台班	3772.00	0.260	
	990305040	叉式起重机 提升质量 10(t)	台班	681.59	0.260	
	990772120	金刚石绳锯切割机 功率 22(kW)	台班	108.16	0.840	

附**4**:

单位：台班

编　码				990772120
子目名称		单位	单价（元）	金刚石绳锯切割机
				功率（kW）
				22
台班单价		元		108.16
费用组成	折旧费	元	1.00	6.21
	检修费	元	1.00	0.65
	维护费	元	1.00	1.69
	安拆费	元	1.00	
	人工	工日	230.00	
	燃料动力　汽油	kg	6.38	
	柴油	kg	5.65	
	电	kW·h	0.77	129.36
	水	m³	4.58	
	燃料动力费	元		99.61
	其他费用	元		

关于印发广东省建设工程定额
动态调整的通知（第 39 期）

粤标定函〔2024〕44 号

各有关单位：

近期，我站组织专家研析了广东省建设工程定额动态管理系统收集的反馈意见，现将《广东省建设工程计价依据 2018》调整内容印发你们，请遵照执行。

本调整内容与我省现行工程计价依据配套使用，除合同另有约定外，已经合同双方确认的工程造价成果文件不作调整。执行中遇到的问题，请通过"广东省工程造价信息化平台——建设工程定额动态管理系统"及时反馈。

附件：《广东省建设工程计价依据 2018》动态调整内容

广东省建设工程标准定额站

2024 年 8 月 15 日

附件：

《广东省建设工程计价依据 2018》动态调整内容

页码	部位或子目编号	原内容	调整为
		《广东省房屋建筑与装饰工程综合定额 2018》动态调整内容	
325	说明	3. 钢结构构件安装按照履带式起重机、汽车式起重机、塔式起重机不同施工机械分别编制。建筑物最高安装高度在 36m 以下的，执行履带式起重机或汽车式起重机子目；建筑物最高吊装高度在 36m 以上的，执行塔式起重机安装子目。除定额另有规定外，实际使用机械与定额不同时，按照设计要求或审批的施工方案处理	（删除）
467	A1-9-107	成品木质门套 门套断面展开宽（mm）	成品木质门套 门套断面展开宽 250mm
	A1-9-108	成品木质门套 门套断面展开宽（mm）	成品木质门套 门套断面展开宽 300mm
	A1-9-109	成品木质窗套 窗套断面展开宽（mm）	成品木质窗套 窗套断面展开宽 200mm
	A1-9-110	成品木质窗套 窗套断面展开宽（mm）	成品木质窗套 窗套断面展开宽 300mm
639	A1-11-96	基价（元）796.52 材料费（元）43.85 13010290 聚氨酯磁漆 kg 11.81　1.300	基价（元）934.70 材料费（元）182.03 13010290 聚氨酯磁漆 kg 11.81　13.000
1296	A1-21-24 ～ A1-21-27	单排钢脚手架搭拆	单排钢脚手架
1328	A1-21-129 ～ A1-21-132	单排钢脚手架搭拆	单排钢脚手架
1329	A1-21-133	装饰用单排脚手架使用费	（删除）

页码	部位或子目编号	原内容	调整为
		《广东省城市地下综合管廊工程综合定额 2018》动态调整内容 第一册 建筑装饰工程		
93	说明	6. 打钢板桩定额主材摊销量综合考虑,如采用租赁钢板桩,钢板桩使用费另行计算(计入材料费),编制概(预)算时,钢板桩使用费可按每吨每月 310 元(除税价,含运费)标准参考使用,结算可按实计算,钢板桩使用费总额不超过钢板桩主材的 2/3。同时套用打钢板桩子目时,按每 10 吨钢板桩的主材消耗量 0.1 吨进行换算,其他不变	(删除)
110	注:	租赁超深拉森钢板桩费用每月 310 元/t(含运费),供参考使用	(删除)
111	注:	2. 租赁钢管桩费用每月 260 元/t(含运费),供参考使用	(删除)
		《广东省城市轨道交通工程综合定额 2018》动态调整内容 第一册 路基、围护结构及地基处理工程		
137	注:	1. 定额基价未含钢支撑的制作、矫正、除锈、刷油漆; 2. 租赁钢支撑、钢围檩费用每月 260 元/t(含运费),供参考使用	1. 定额基价已含 3 个月钢支撑(含钢围檩、钢板)的摊销使用期,超出摊销使用期的,可按 10 元/t·天计算; 2. 累计增加的材料费不能超过新购置钢支撑材料费的 2/3
		第二册 桥涵工程		
14	说明	8. 打钢板桩定额子目按主材摊销量综合考虑,如租赁钢板桩,租赁费用按每吨每月 310 元(除税价,含运费)参考使用,租赁总费用不超过钢板桩主材新购总费用的 2/3,同时,套用打钢板桩定额子目时,按每 10t 钢板桩的主材消耗量为 0.1t 进行换算,其他不变	(删除)